教養としての
プログラミング的思考

今こそ必要な「問題を論理的に解く」技術

草野俊彦

SB Creative

本書に記載されている会社名、商品名、製品名などは一般に各社の登録商標または商標です。
本書中では®、TMマークは明記しておりません。

本書の出版にあたっては、正確な記述に努めましたが、本書の内容に基づく運用結果について、著者、
SBクリエイティブ株式会社は一切の責任を負いかねますのでご了承ください。

はじめに

∴ プログラミング的思考ってなに?

　本書は、コンピュータやプログラミングに詳しくない方が抱く「プログラミングってなに?」「プログラミング的思考とは?」という疑問に答えるための案内書です。

　自分でプログラミングはしないけれどプログラムについて知りたい人や、プログラミング的思考についてわかりやすく書かれた入門書を探している人に向けて書きました。

∴ カーナビと運転手

　プログラムは、人とコンピュータの意思疎通のためのプログラミング言語と、コンピュータへの指示手順であるアルゴリズムという2つの要素から成り立っています。アルゴリズムとは、問題を解くための一連の手続きを意味する言葉です。

　プログラミングを、カーナビを搭載した車の運転にたとえてみましょう。人が車を運転するときは、カーナビが「右折します」と言えばハンドルを右に切る、という具合にカーナビの案内を理解して実際の運転操作に置き換えています。

　プログラミングは、カーナビの道順案内に従って車を運転するのに似ています。プログラミングとは、運転手がカーナビの案内というアルゴリズムに従って、プログラミング言語に相当するハンドルやアクセルを使い、車を運転するのと同じことです。

```
      ナビ（道順）     ＝  アルゴリズム（プログラムの中身）
         運転手      ＝  プログラマー
          運転       ＝  プログラミング
   ハンドル、アクセル  ＝  プログラミング言語
           車       ＝  コンピュータ
```

　カーナビの案内が「次の交差点を右折します」と指示し、運転手がハンドルを右に切るときのことを考えてみましょう。そのとき運転手は、「交差点に2メートル進入したら、ハンドルを3kgf（kgfは重力加速度）の力で、右方向に0.87回転回す」という運転操作に"翻訳"しています。

　こんなことを考えながら運転する人はいませんが、仮に運転操作を機械の正確な操作手順として書き直すと、このような表現に近くなるはずです。

　言い換えると、運転手の役割は、カーナビの案内を適切な運転操作に置き換えることであり、プログラマーの役割は、カーナビ

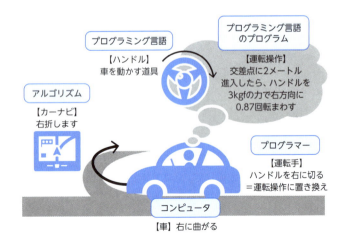

の案内を車という機械の操作手順、つまりプログラムに記述し直すことです。このように、プログラムはコンピュータという機械への操作手順書と言えます。

　それでは、なぜ"プログラミングは難しい"というイメージがあるのでしょうか？　その根底にあるのは、体感的に操作（運転）することができて道順を随時変更できる車と、プログラムを介した間接的な操作が必須で、道順（アルゴリズム）を出発前に完全に決定するコンピュータの違いだと思います。

　ところで、プログラミング学習と聞くと、運転技能にあたるプログラミング言語の使い方にばかり目が向きますが、目的地に着くためのもうひとつの要素である、道順にあたるアルゴリズムの考え方を知ることは、プログラムの中身を理解するための近道になると言えるでしょう。運転できなくても、地図を読んで道順の指示ができるのと同じで、プログラミング言語を知らなくても、コンピュータで実行したいことを考え、それを実現する処理方法を論理的に記述することは可能です。

❖ 超コンピュータ社会とプログラム

　今日、私たちが日常生活で利用するほとんどすべてのインフラ（社会基盤）システムは、コンピュータシステムによって運用され、私たちは超コンピュータ社会とも言える世界で暮らしています。

　コンピュータが作る部品を使って、コンピュータが作る車に乗り、コンピュータが管理するインターネットとコンピュータのようなスマートフォンでネットを使い、コンピュータが制御するATMでコンピュータが管理する預金を引き出し、コンピュータが予報

する天気をもとに日々の予定を立てています。

このほかにもコンピュータのお世話になっているものはたくさんあります。これまで人間が自分で行っていた作業も、自動運転やAI（人工知能）が肩代わりする日も目前に迫っています。

期待どおりに動いているときのコンピュータは神技のような能力を発揮します。しかし、コンピュータは魔法の玉手箱でも人間を超越した存在でもありません。間違ったプログラムを渡せば、ためらわずに“指示されたとおり”に間違った処理を実行する厄介なモノです。避けては通れないコンピュータとの付き合い方を考えるためにも、プログラムとは何物かを知ることは、今後ますます重要になってきます。

∴ 本書が伝えたいこと

AIや自動運転、2020年度からの小学校のカリキュラムへの導入など、プログラムやプログラミングへの関心が高まる中、「どんなものかを知りたい」という“森”に対する関心がどんどん高まっていきました。しかし、その答えが“木”に当たるロボット操作やプログラミング言語の学習へ直結されることに、筆者はある種のすれ違いを感じていました。

個々のプログラミング言語を使って正しく動作するプログラムを仕上げる能力と、プログラミング言語に直接依存しないプログラム処理に適したアルゴリズムを考える能力は、基本的には異なる属性です。後者は、論理的思考とプログラミング一般の知識の組み合わせとも言えます。

そして、アルゴリズムを考える能力の根底にあるのが、「プログラミング的思考」です。**プログラミング的思考とは、ある目的**

を実現するために、コンピュータに対する命令の正しい組み合わせを論理的に導き出す考え方のことです。必要な正確さでアルゴリズムを考える力は、プログラミングのためだけでなく、社会生活の中の状況を理解し、自らの問題として解決する論理的思考の実践にも役立ちます。思考を視覚化する方法を含め、あたかもプログラミングするかのように考えを整理する知恵は、私たちの身のまわりにあるさまざまな問題を解決する方策のひとつとして積極的に活用すべきものです。

この視点から、本書はプログラミング言語そのものの解説から距離を置き、「プログラムを意識したアルゴリズムの考え方」を軸にしたプログラミング的思考法の解説書となりました。

アルゴリズムの説明では、よくあるプログラミング問題とは異なる一風変わった題材を用いて、現実のコンピュータシステムもこんなプログラムが動いているのかもしれない、という感覚が湧く内容としたつもりです。

本書はプログラムの流れを視覚的に理解するために、フローチャートと呼ばれる図を使っています。フローチャートは、プログラムに近い構造を表現できるため、プログラムの理解に大変役立ちます。

本書が、読者の皆さんが抱く「プログラミング的思考ってなに？」という疑問への答えを見つける、良き案内役となることを切に願っています。

草野俊彦

CONTENTS

はじめに 3

第1章　コンピュータとソフトウェア 11

1.1　身近にあるコンピュータ 12
　1.1.1　家電の中のコンピュータ 13
　1.1.2　ソフトウェアの機能 16

1.2　思考機械としてのコンピュータ 19
　1.2.1　思考がソフトウェアになるまで 19
　1.2.2　プログラミング的思考とは 22
　1.2.3　人工知能とプログラム 23

1.3　カタカナ用語の整理 24

第2章　プログラミング的な思考と表現 27

2.1　プログラミング的に考える準備 28
　2.1.1　プログラミング作業の流れ 28
　2.1.2　情報量の問題 31
　2.1.3　暗黙の了解という問題 32

2.2　思考の表現としてのプログラム 37
　2.2.1　プログラミングは思考のコピペ 37
　2.2.2　思考を整理する
　　　　── 傘を持つか持たないか 39

2.3　プログラミング的な処理の表現 43
　2.3.1　文章だけで伝える難しさ 44
　2.3.2　図からプログラムをイメージする 46
　2.3.3　フローチャートの記号 48

第3章　プログラムの基本形と考え方 53

**3.1　シーケンシャルな処理
　　　 ──カレーライスを作る** 54
　3.1.1　ご飯の炊き方の何があいまいか? 55

3.1.2 ロボットが読んでわかるカレーの作り方 59

3.1.3 ご飯とカレーの同期 65

3.2 条件分岐のある処理
── ジャンケンの勝ち負け 68

3.2.1 ジャンケンのルール 68

3.2.2 勝敗判定 71

Column AND 条件 77

3.3 繰り返しのある処理
── ロボットをコースに沿って歩かせる 80

3.3.1 ロボットの基本動作 80

3.3.2 プログラミングして歩かせる 82

3.3.3 プログラムからロボットの歩き方を推測
する 91

第4章 正解のない問題を プログラミングする 95

4.1 定量化してプログラミングする
── 買い物 96

4.1.1 買い物の心理 97

4.1.2 必需品 99

4.1.3 お買い得品 106

4.2 推論をプログラミングする
── 特ダネと怪情報 112

4.2.1 ニュースと事実 113

4.2.2 特ダネ 118

4.2.3 ネット情報 122

4.2.4 情報の扱い方 124

4.3 プロセスをプログラミングする
── ディベートとディスカッション 127

4.3.1 ディベートの進め方 127

Column 機械学習 128

CONTENTS

4.3.2　反論を考える 131

4.3.3　ディスカッションの進め方 135

4.3.4　意見の擦り合わせ 139

**第5章　プログラミングに適した
アルゴリズムを考える** 145

5.1　文章からアルゴリズムを考える
── 囚人のジレンマ 146

5.2　図解からアルゴリズムを考える
── 川渡りの問題 151

5.3　数理問題のアルゴリズムを考える
── 正三角形を描く 159

5.4　視点を変えてアルゴリズムを置き換える 166

5.4.1　時間で決める処理への置き換え 166

5.4.2　表に従って決める処理への置き換え 169

Column データベース 175

5.5　電卓とコンピュータの違い 176

Column コンピュータの基本構成 178

資料　フローチャートの記号 180

あとがき 183

索引 185

第 **1** 章

コンピュータと
ソフトウェア

第二次世界大戦中の1940年代、組み換え可能なプログラムで動く今日のコンピュータの原型が、計算機械として開発されました。意外なことに、その基本構成や考え方は、今使われている多くのコンピュータにそっくり引き継がれています。

　今日までに変わったものは、コンピュータの飛躍的な性能向上と小型化と、コンピュータシステムの巨大化・複雑化に歩調を合わせたソフトウェア技術の進展でした。これらの変化が、計算機械として生まれたコンピュータを思考マシンへと進化させてきた源泉です。

　この章では、非常に身近になった割にあまりよく理解されていないコンピュータとソフトウェアについて、プログラムの話をまじえながら説明したいと思います。

1.1　身近にあるコンピュータ

　私たちの身近にはすでに多くのコンピュータが存在し、家庭でも社会でも文字どおり私たちを取り巻いています。あまりに多くありすぎて、今や誰もコンピュータを気にしていないかもしれません。つい最近、こんなテレビ広告を目にしました。

　場所は、アメリカ都市部の一般的な住宅街です。子供が自宅の芝生の庭に寝転がって、タブレットを使っています。そこへ家から出て来たお母さんが、子供を見つけて声を掛けます。

第1章　コンピュータとソフトウェア

お母さん	：	Hey　（ねえ）
子供	：	Hey　（なに？）
お母さん	：	What are you doing on your computer? （コンピュータで何してるの？）
子供	：	What's a computer?　（コンピュータって何？）

　実は、アップル iPad のテレビ広告です。このシーンの前には、この子が iPad を持ち歩きながら、いろいろなアプリを使う情景が描かれています。筆者はこの広告から、「アップルが売っているのはコンピュータではなく、どこにでも持ち歩ける iPad という道具の提供する利便性です」というメッセージを感じました。もはや、コンピュータを使うという意識はありません。

　私たちの生活のコンピュータへの依存度が高まるのに反比例して、その存在感はどんどん希薄化しています。身近にあってもほとんど意識されないコンピュータの例をいくつか紹介しながら、徐々にプログラミングの話を始めたいと思います。

1.1.1　家電の中のコンピュータ

　今日、家電量販店で売られている多くの家電製品が、コンピュータを内蔵しています。そのコンピュータの頭脳にあたる部品は、CPU（中央制御処理装置）と呼ばれています。コンピュータに欠かせないもう1つの部品として「メモリ」があります。メモリは、ソフトウェアと各種のデータを記憶します。

　日常よく使う家電製品の中に、コンピュータがどんな形で組み込まれているのか、炊飯器とエアコンを例に原理的な構成図を次に示します。

13

❖ 炊飯器

まずは、炊飯器の原理的な構成図です。

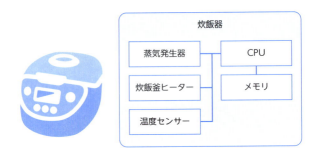

コンピュータは、炊飯コースの設定に従って、蒸気発生器（スチーム）や炊飯釜ヒーターを制御します。炊飯やスチーム時間の制御、保温温度の最適化を行うために、CPUが温度センサーなどの情報を常にモニターしています。各種の設定情報やリアルタイムのセンサー情報はメモリに保存されます。

❖ エアコン

次に、エアコンの原理的な構成図です。

CPUは、リモコンからの設定温度とセンサーから収集した現在の室温を比較し最適な運転モードを決め、コンプレッサー（空気を圧縮することで冷やす装置）のモーターを制御します。さらに、温風を作るヒーター、室内に風を送る送風モーターを制御して、温度差に対応した冷風や温風を送ります。設定情報やリアルタイムのセンサー情報は、メモリに保存されます。

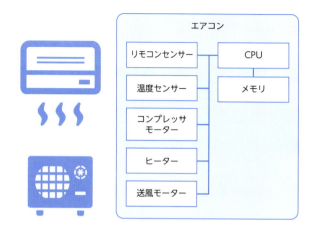

　これら2つの例からわかるように、炊飯器とエアコン特有の機能に関する部分には違いがありますが、コンピュータに相当する部分（CPUとメモリ）は共通です。

　そして、身近にある電子機器の中で、コンピュータそのものと言ってよいのがスマートフォン（スマホ）です。スマホは高機能版の携帯電話としてスタートしましたが、iPhoneやAndroidのユーザーがアプリストアから自分の使いたいアプリをダウンロードして動かす使い方は、コンピュータと同じです。次の図はスマホの構成イメージです。

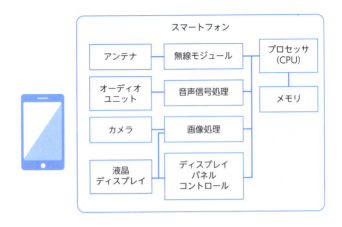

　炊飯器やエアコンと同じようにCPUとメモリがあり、電話やネットの通信に使われる無線モジュール部、音楽を鳴らしたり、通話をやり取りする音声信号処理部、カメラから画像を取り込む画像処理部、各種表示や入力に使うディスプレイパネルとその制御部をコントロールしています。ユーザーはディスプレイパネルを使った入力と表示を介して、意識しないうちにCPUとやり取りしています。

　第5章末尾のコラム「コンピュータの基本構成」では、パソコンの構成を簡単に紹介しているので、そちらもあわせて見てください。

1.1.2　ソフトウェアの機能

　同じく炊飯器とエアコンを例に、家電のコンピュータを制御するソフトウェアの機能について説明します。ソフトウェアとは、コンピュータが理解して実行できる、コンピュータを動かす命令の

集まりのことです。

❖ 炊飯器

次の図は、ソフトウェアが制御する炊飯器の各機能の関連を示しています。

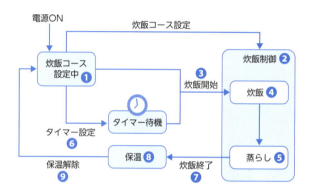

電源を入れると、「炊飯コース設定中」❶の状態になり、本体のスイッチから炊飯コース設定の入力を受け付けます。炊飯コースが設定されると、その情報は「炊飯制御」❷で使われます。

炊飯スイッチが押され「炊飯開始」❸が指示されると、炊飯制御状態となります。炊飯制御状態では、炊飯コース設定情報に従って、「炊飯」❹と「蒸らし」❺が順次実行されます。「タイマー設定」❻による炊飯開始も、ソフトウェアが炊飯器に内蔵された時計に従って制御します。

炊飯制御の状態で蒸らしが「終了（炊飯終了）」❼すると自動的に「保温」❽になり、そのあとは「保温の取り消し（保温解除）」❾で再び「炊飯コース設定中」❶に戻ります。

❖ エアコン

次の図は、ソフトウェアが制御するエアコンの各機能の関連を示しています。

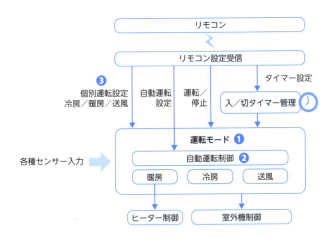

エアコンは、通常リモコンを使って制御します。そのためエアコン本体にはリモコンの受信機能があり、常時リモコンからの入力を受け付け、その指示で対応する機能をコントロールしています。

自動運転の場合、設定情報は「運転モード」❶の「自動運転制御」❷ 機能に送られ、各種センサー情報に従って冷暖房の運転モード選択や風量を調整し、室外機の運転制御やヒーターの制御を行います。「冷房・暖房・送風などの個別の運転設定」❸の場合は、対応する運転機能を直接制御します。多くのエアコンはタイマーを使って電源をオン／オフできますが、エアコンの内蔵時計に従って運転開始・停止を制御します。

第1章　コンピュータとソフトウェア

「なんだ、結局炊飯器とエアコンの機能の説明じゃないの」と思われたかもしれませんが、実はそのとおりです。言い換えると、ソフトウェアが、これらの家電のすべての機能をコントロールしているということなのです。

1.2　思考機械としてのコンピュータ

変更可能なプログラムの存在は、コンピュータとは電卓のような単なる計算機械ではなく思考機械である、という考え方に結びつく原動力となっています。

プログラムとは、人間が書いたコンピュータへの命令の集まりのことで、これをコンピュータのわかる言葉に翻訳したものがソフトウェアです。この節では、その話について順を追って説明します。

1.2.1　思考がソフトウェアになるまで

プログラムとソフトウェアはそもそも何かというと、私たちの頭の中にある「コンピュータを使って実現したいこと」です。プログラムは、プログラミング言語と呼ばれるコンピュータに対する一連の命令で記述されています。順序としては、まずこのプログラムを作り、次に実際にコンピュータを動かすソフトウェアができ上がります。

次の図は、私たちの頭の中にある「コンピュータを使って実現したいこと」が、コンピュータで利用できるようになるまでの流れのイメージです。

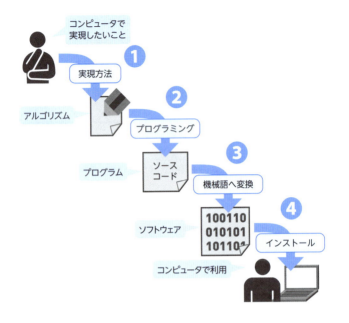

この流れを、順を追って見ていきましょう。

❶ 最初の作業は、「コンピュータを使って実現したいこと」と、それを実現するために「コンピュータを動かす手順」を決めることです。ここで考える手順は、コンピュータが実行できる方法でなければなりません。このコンピュータを動かす処理の手順のことを「アルゴリズム」と呼びます。

❷ 次に、考えたアルゴリズムをコンピュータへの指示である「プログラム」として記述します。プログラムを記述することを「プログラミング」あるいは「プログラミングする」と言います。プログラムの中身は、英語と数字からなる呪文のようなプロ

グラミング言語で書かれています。ところで、プログラムは、ソフトウェアの源という意味を込めて、「ソースコード」とも呼ばれます。

❸ 実は、コンピュータはプログラムを理解できません。ここで「どうして？」と思った方もいらっしゃることでしょう。当然の疑問です。技術的に込み入ったところには踏み込みませんが、簡単に説明しておきます。コンピュータが理解できるのは、機械語と呼ばれる0と1の符号の集まりです。そのため、コンピュータを動かすには、プログラムを機械語で書かれた「ソフトウェア」に翻訳する必要があります。このプログラムを機械語へと翻訳するには、専用の翻訳ソフトウェアを使って行います。

❹ 最後に、でき上がったソフトウェアをコンピュータにインストールします。ソフトウェアの代わりに「アプリ」と呼んでもかまいません。インストールされたソフトウェアの指示に従って、コンピュータが画面表示や処理を実行します。

こうやって、頭の中で考えたことがプログラムを経て最終的にコンピュータを動かすソフトウェアになります。ようやく、私たちの役に立つ道具となるわけです。

以上を要約すると、次のようになります。

- アルゴリズムは、処理の考え方である
- プログラムは、アルゴリズムをプログラミング言語で書き表したものである
- ソフトウェアは、プログラムを機械語に変換したものである

内容としては「プログラム＝ソフトウェア」となりますが、プログラムとソフトウェアはまったく同一というわけではありません。プログラムは人間が書いて読んでわかるもの、ソフトウェアはコンピュータが読んでわかるもの、という点が最大の違いです。

1.2.2　プログラミング的思考とは

　さて、この一連のプログラムを作る流れと、"プログラミング的思考"のつながりについて、お話しておきます。

　プログラムとは、コンピュータを動かすための、いろいろな種類の独立した命令の集まりです。それでは、命令の集まりとは何でしょうか？　コンピュータをロボットにたとえて考えてみましょう。

　ロボットをA地点からB地点まで歩かせるには、「右足を1歩出す」「重心を移動させる」「左足を1歩出す」「重心を移動させる」というような1つ1つの動きに分解し、それらを一連の動作として指示する必要があります。つまり、1つの命令だけでは、A地点からB地点へ行く目的を達成できませんが、ロボットを動かす部品としての各種の命令を正しく組み合わせることで、意図したロボットの移動を実現できます。

　このように、ある目的を達成するために、それを実現する一連の動作を決め、その部品となるコンピュータへの命令を選択し、それらの正しい組み合わせを論理的に考えるのがプログラミング的思考です。

　プログラミング的思考という名前から、プログラミングのときにだけ考えればよいようにも見えますが、それは大きな誤解です。むしろ、実際にコンピュータが処理できる一連の処理としてアル

第1章　コンピュータとソフトウェア

ゴリズムを考えるときにこそ、プログラミング的思考が求められます。それゆえ、プログラミング的思考とプログラミングは、イコールの関係ではありません。

1.2.3　人工知能とプログラム

　現在のコンピュータは、0と1からなる2進数によるデータ処理とプログラム内蔵方式を実用化したJ・フォン・ノイマンの名を取って、ノイマン型コンピュータと呼ばれます。ノイマンは、1956年に著した『計算機と脳』の中で、計算機の基本構成に対する、脳の基本構成およびニューロンとパルスを媒介したデジタル的性格についての比較を行い、脳の中枢神経系の使う言語（プログラム）の性質について考察しています。

　ニューロンを計算機モデルにする考え方はニューラルコンピューティング／ニューラルネットワークに引き継がれ、近年は人工知能に用いられるディープラーニング（深層学習）を支える技術として研究されています。

　このように、コンピュータの「物を考える能力」についての関心は、コンピュータの創成期からすでに存在していました。これが、コンピュータを思考機械と考える原点になっています。

　人間の知的活動とコンピュータの情報処理を比較すると、次のような対比ができます。

- 器官としての脳とコンピュータハードウェア（ハード）
- 生存に関わる活動とオペレーティングシステム（OS）
- 問題解決を行う思考とアプリケーションソフトウェア（アプリ）

次の図は、これらの関係のイメージです。

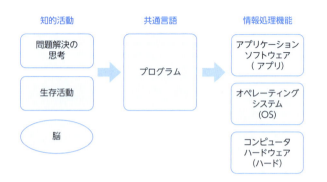

　繰り返しになりますが、プログラムは人間の思考をコンピュータに伝えるための"共通言語"に相当するものです。異なる母国語の人々が、共通に勉強した言語（今なら英語がその役割を担っています）を使って会話するように、人間とコンピュータの共通言語として機能するものがプログラムです。

1.3　カタカナ用語の整理

　この章の説明の中で、いろいろなカタカナ用語が出てきました。ここで一度、次ページの図を使ってカタカナ用語の整理をしたいと思います。

　コンピュータは、目に見えるスマホやパソコンなど、ソフトウェアを実行する機械です。
　ソフトウェアは、コンピュータが理解して実行できる、コンピュータを動かす命令の集まりです。

第1章 コンピュータとソフトウェア

プログラムは、ソフトウェアに翻訳される前の、人間が書いたコンピュータへの命令の集まりです。

プログラミング言語は、プログラムを書くための言語のことです。「プログラム言語」と呼ぶこともあります。

アルゴリズムは、コンピュータを動かす処理の手順です。プログラミング言語を使って、プログラムの内容として記述します。

特定のプログラミング言語を使ってプログラムを書くことをプログラミングといいます。

そして、コンピュータを意図したとおりに動かすために、コンピュータへの命令の正しい組み合わせを論理的に導き出す考え方をプログラミング的思考と呼びます。

これらの言葉の使い方は、文脈や話す人によって多少揺らぎがあります。よくある例では、ソフトウェアとプログラムが同じ意味で使われていたりします。特にコンピュータについては、単に

25

ハードウェアと呼ぶことも、逆にハードウェアとソフトウェアをひとまとめにしてコンピュータと呼ぶこともあります。言葉がどういう場面で使われているかによって意味するものが変わってくるので、言葉の使われ方の意図をつかむことが大事になってきます。

第 **2** 章

プログラミング的な
思考と表現

プログラミングと聞くと、コンピュータの前に座ってキーボードを叩いている光景を思い浮かべる方は多いと思います。ですが、そのようにプログラムを入力する前に、頭の中をプログラミング的な考え方に慣れさせる準備運動が必要です。

この章では、プログラミング作業の全体像、プログラミング的な思考に必要な発想、プログラミング的な処理を図で表現する方法について説明します。

2.1　プログラミング的に考える準備

プログラミングを行ってソフトウェアを作るのは特別な作業ではありません。通常の製品の開発・設計と同じように進めていきます。まず最初に「何をしたいのか」、つまり実現目標を決めてからプログラムを作り、一連の手順を踏んでソフトウェアを完成させます。

2.1.1　プログラミング作業の流れ

プログラミングするには、コンピュータで何をどうするのかを考えるプログラム設計という作業が必要です。製品用のプログラムであればプログラムの仕様書を作ることになります。趣味で小さなプログラムを作るならメモ書きでよいかもしれません。いずれにしても、まったく考えを整理せずにプログラミングすることはできません。

広い意味でのプログラミングは、プログラム仕様の作成から始まり、作るべき対象を定義していく一連の作業です。次の図は、その流れのイメージです。

第2章 プログラミング的な思考と表現

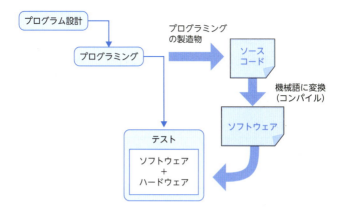

　プログラム設計では使用するプログラム言語やOSなどの条件をもとに、適切なアルゴリズムやデータベースの構造を決めます。さらに、実際のプログラムの書き方の規則を作り、プログラムの細部のイメージを決めます。

　プログラミング作業では、コンピュータを使ってプログラムのソースコードを入力します。

　次に、このソースコード（プログラム）を、コンピュータが理解できる機械語に変換します。機械語への変換は、プログラミング言語に応じた専用の変換ソフトウェアを使い、コンピュータで処理します。この変換ソフトウェアも、コンピュータにとっては単なるアプリの1つです。

　プログラミングが終わると、「よしっ、完成！」という達成感が湧くかもしれませんが、残念ながら最初から問題なく動くプログラムはまずありません。そこで、でき上がったソフトウェアを、コンピュータ上で動かしてテストします。このテスト作業はデバッグ（debug）と呼ばれます。デバッグとは、ソフトウェアの中にい

るバグ（bug、虫）を取る（de-）という意味です。

　通常は小さい部品レベルのソフトウェアを単体でテストする単体テストから開始し、それらの小さなソフトウェアを関連する機能間でつなぎ合わせて、次第にテストする規模を大きくしていきます。このようなテストは結合テストと呼ばれます。

　結合テストでは、つなぎ合わせる順序や、それに合わせた環境整備が必要です。たとえば、その段階で未完成のソフトウェアの代わりとなるものを準備しないと、ソフトウェア同士をつないだテストができません。そのほかに、テスト項目の選択など、いろいろなノウハウが要求されます。想像するより大変な作業です。プロジェクトの規模によっては、設計の開始からプログラミングが終わるまでの時間より、そのあとのテストの工程にかかる時間のほうがずっと長いということも珍しくありません。

　プログラムの出来の良し悪しは、プログラミングが始まる前の段階で作り込まれていきます。大輪の花を咲かせるには、土中に力強く根が張りしっかりした茎と元気な葉が開く必要があります。同じように、上流のプログラム設計の中で、プログラムとして実現すべき要件を正確に盛り込むことができれば、最終的にでき上がるソフトウェアの機能と品質も良いものになります。

　続いて、プログラム設計にあたって特に注意すべき、コンピュータ特有の問題についての話をしたいと思います。

第2章 プログラミング的な思考と表現

2.1.2　情報量の問題

　皆さんが頭の中の考えをメモするときは、すべてのことを書き出すということはないでしょう。全部書き出していったら手間と時間が掛かってしょうがありません。きっと新しい考え、ポイントになることに絞ると思います。つまりポイントを絞れるというのは、「何を書かなくて済むのかがわかっている」ということにほかなりません。では、次の問題について考えてみてください。

☑ 問題 2-1

　ソフト町の町内会には、当番制の町内清掃があります。つい最近、このルールの一部が変更になりました。
　昔から同じ町内に住むAさんと、先週引っ越して来たBさんの両方に、ルールの変更内容を説明しなければなりません。どちらに説明するほうが簡単でしょうか？

解説

　説明が簡単に済むのはAさんのほうだと、容易に推測できます。昔からの地域住民であれば、町内清掃のルールについて同じ知識を持っていると推定するのは妥当な判断です。そのため、変更したルールを説明するだけで十分でしょう。

　これに対し、Bさんがこの町の町内清掃についてどの程度の知識を持っているかは未知数です。そもそも町内清掃とは何なのかから教えないといけないかもしれません。つまり、Aさんに比べて、はるかに多くの情報を伝える必要があるということです。

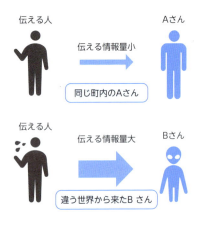

プログラム設計でも同じことが起こります。

そもそも、コンピュータには常識とか、物事や状況を察して判断するという知識や能力はありません。状況としては町内清掃をBさんに伝える場合と同じで、プログラムには文字どおり必要なすべての情報を伝える必要があります。

同時に、コンピュータには何が肝だとか、大体こんな加減でよいなどという重要さの判別もできないため、すべてのことについて均一なレベルで指示することも求められます。

2.1.3 暗黙の了解という問題

「何をどうするか」を決めるときは、あらかじめ注意を払っていれば「決めなければならないこと」や「決めようとしていること」について、一定の正確さで、一貫性のあるものにできるものです。

これに対し、あまりに当たり前すぎて「知っているという自覚がない」暗黙の知識や了解というものが存在します。たとえば、

次のようなものです。

- **人間の無意識の動作** ➡ 転びそうになったら手を出す
- **社会生活での常識** ➡ 外に出るときは靴をはく
- **自然現象** ➡ 物は下に落ちる

　あまりにも「当たり前」のことだと、改まって誰かに説明することも、されることもありません。人は自分の興味や注目している対象には目配りができますが、それらの周辺に存在するすべての部分、ことに「当たり前」と思っていることについても同じような目配りができるかというと非常に怪しいと言わざるを得ません。

　同じ話で、なんらかの暗黙の了解を前提に作られたプログラムの仕様書があり、実はその暗黙の了解が共有されていない場合、作られたプログラムには抜けや間違いが入り込みやすくなります。コンピュータは、与えられたプログラムが実行できるかできないかは判断できますが、実行している内容が正しいか間違っているかを判断することはありません。文字どおり、「言われたとおりやる」だけです。

　暗黙の了解を知らず、自分で自分の行いを修正するという人間世界の常識も通じません。この結果、コンピュータに教えなかったために生じた抜けや間違いはそのまま実行されて、最後にはコンピュータがまともに動かない、いわゆるバグとして問題が表面化します。

　ここで少し、暗黙の了解を掘り起こす練習をしてみましょう。

☑ 問題 2-2

誰でもいいので、誰か一人を思い浮かべてください。あなた自身でもOKです。では、その人物は自転車に乗れますか？ そして、その結論の根拠は何でしょうか？

解説

この問題は、結論の根拠について、次の2点について尋ねています。

● 乗れる、乗れないを客観的な基準で判定したか？
● それは何か？ 測定可能なことか？

回答が、「乗れる」「乗れない」のどちらだったにしても、そう考えた理由はこの基準を満たしていたでしょうか。

自転車に乗って「前進できる」あるいは「転ばない」というだけでは測定可能な根拠を伴わないので、本質的な意味で「乗れる」技術を判定できる条件にはなりません。

それでは、少し質問を変えて違う角度から見てみましょう。

☑ 問題 2-3

「自転車に乗れる・乗れない」を判定するプログラムを作ることになりました。

ここに老若男女を問わず、ありとあらゆる人が自転車に「乗っている」動画があります。さっそうと走るプロの競輪選手の動画もあれば、足をつきながらフラフラ乗っているお爺さんの動画も

あって、なんでもあり状態です。

　さて、プログラムへの要求条件は、個々の動画を解析して、それぞれの人物が自転車に「乗れる」のか「乗れない」のかを判定することです。どのようにして判定しますか？

解説

　定量的に測定可能な評価項目を決め、その結果で判定することになります。

　自転車に乗ることは、いくつかの異なる技術の集積です。考え方はいろいろありますが、ここでは「自転車に乗る」技術を要素で分類したリストを作り、各技術分野の中で測定可能かつ判定基準を設定できる項目を考えます。たとえば、次のような整理の仕方が考えられるでしょう。

技術分野	項目例
走る技術	加速力、最高速度、最大登はん斜度
曲がる技術	最小回転半径、積載時最小回転半径、回転時の最大速度
止まる技術	乾燥路面での停止距離、濡れた路面での停止距離、停止に足を使った回数
安全性	走行中の左右最大振れ角、単位走行時間当たりの急ブレーキ数、単位走行時間当たりの足着き数、単位走行時間当たりの転倒数

　ここで求められていることは、自転車に「乗れる」という一言の持つ暗黙の了解を解きほぐし、コンピュータに本質的に何を理解させ、判断させるのかを考えることです。

　上の技術分野の表を眺めていると、この項目は判定に使うのが適当とかこれは不要とか、それぞれの考えに至ると思います。判定基準とする項目の選択は、目的に沿った考え方の問題なので、

その良し悪しを決めることはここでの目的ではありません。大事なのは、人には暗黙裡に理解できているにもかかわらず実は定義されていないことを、人とコンピュータが相互に理解できる明確な記述として再定義する必要性を認識することなのです。

コンピュータを計算機械と考えていたときは、数式という非常に明確かつ形式的な問題を解けばよかったので、基本的に暗黙の了解を考慮する必要はありませんでした。

ところが現代のアプリケーションは、「自転車に乗れる・乗れない判定ソフトウェア」のように、数学的な問題を解くのに比較してはるかに大きな解決の自由度があります。この大きな自由度が存在するのは、実現しようとしている内容が人間の思考そのものに大きく依存しているからです。まさに、十人十色の解決法があるとも言えます。

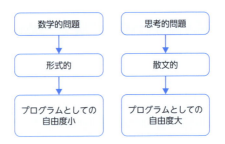

プログラムの自由度が大きいことは、多様な考え方を取り込めるということですが、形式が定まらないため抜けや漏れが起きる可能性も抱えています。

自分の中にある暗黙の了解を探す作業が「やろうとしていることはそもそも何なのか？」という疑問となり、作るべきプログラムがより明確に見えて来るということもあります。気づいていない

第2章 プログラミング的な思考と表現

暗黙の了解を掘り起こすには、問題設定の仕方と、考えた解決策を再確認しつつ、実現しようとする目的との整合性を想像する力が必要となるでしょう。

2.2　思考の表現としてのプログラム

プログラムは、コンピュータに実行させる処理を記述したものですが、結局のところプログラム設計者の頭の中の考えの何をどう書き表すのかという話になります。

人間の頭の中をプログラムに表現するとはどんなことなのか、簡単な例を通して見ていきましょう。

2.2.1　プログラミングは思考のコピペ

プログラムは、計算問題を解くために加算器や乗算機などの計算回路をつなぎ変える必要性から考えられたのが、その始まりです。そこでの関心事は、どこまで複雑な数式をプログラミングできるのかということでした。数式の組み換えは電卓の拡張版だと考えると、それ自体には思考を表現するという意味合いはなかったと思います。

今日のコンピュータの使われ方は、電卓的な計算機の範囲を超え、人間の代わりに知的な仕事をする機械となっています。だからと言って、コンピュータが計算機械だった時代から突然変異して、"知的に"考え始めたわけではありません。プログラミング言語という中間言語の進化が、高度に抽象的な人間の思考の内容を、部分的にでもあたかもコンピュータ上にコピペ（コピー＆ペースト）することを可能にしました。

37

人間の考えをコピペできるようになったと言ってもやはり条件があり、次のようなことは言えると思います。

- 考え方が順序立てられていること
- 順序立てられた処理の内容が、それ自身で完結していること（たとえば、他の条件が決まらないと実行できないような処理ではない）
- 感情表現や抽象的表現のような、あいまいさのないこと

　コンピュータから見れば、プログラムとして表現された考え方に整合性があり、機械語に翻訳することができれば、結果的に人間の頭の中にある思考をコンピュータにコピペできたということになります。

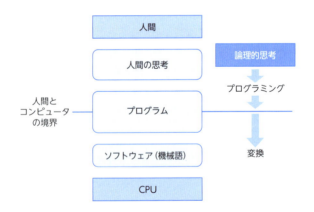

　人間の思考は思っているほど論理的でないかもしれませんが、プログラムを作るときには、「コンピュータで何を解決するのか」「どういう解決策を使うのか」「それはコンピュータが理解できる

第2章　プログラミング的な思考と表現

のか」を論理的に考えることが必要です。

　そのときには、頭の中がボヤっとしていたらハッキリさせ、論理に飛躍があってもそれを説明できるのかなど、まず頭の中の整理から始めることになります。

　奇妙に聞こえるかもしれませんが、プログラムそれ自体は論理的でもなんでもありません。プログラミング言語の文法として正しく記述されていて機械語への変換が可能であれば、間違っていても抜けがあってもソフトウェアはでき上がり、コンピュータはそのとおりに処理しようとします。

　そもそもの人間の考えや意図がどうであろうと、コンピュータはプログラムに書かれたとおりにしか処理しないことをしっかり認識し、論理的な処理を作らなければなりません。

2.2.2　思考を整理する —— 傘を持つか持たないか

　先ほど思考をコピペすることについて述べましたが、簡単な例を通して、どんな思考の整理方法が思考のコピペになるのか考えてみましょう。

　朝、出かけるときに、空模様が怪しい日は傘を持って出かけるかどうか迷うことがあります。頼れるものは天気予報ですが、予報が教えてくれるのはあくまで降水確率です。

　たとえば、降水確率40%とは、まったく同じ気象データの日が10日あるとして、その内4日は1ミリ以上の雨が降り、残りの6日は1ミリ以上の雨は降らないという意味です。厳密には「いつでも降るかもしれない」という微妙な表現ですが、面倒なので、同じ気象条件が10日ある内の4日は降る、6日は降らないと割り切ったとします。

39

問題は、傘を持つかどうか決めるときに、この確率をどう使うかです。そのためには、自分でなんらかの基準を決めなければなりません。

✍ 問題 **2-4**

降水確率をもとに、傘を持って出かけるかどうかを決めたいと思います。傘を持つ・持たないを規則的に決められるようにするには、どのような考え方が適当でしょうか？

解説

素直に考えて、降水確率が「ある値」以上なら傘を持つ、「ある値」以下なら持たない、とします。

結果として、次のような判定を行うことになります。ここでは、「ある値」を50%としました。

手順	処理
1.	降水確率が50%以上なら傘を持つ、と決める
2.	ニュースかスマホで降水確率を確認する
3.	確認した降水確率が50%以上なら傘を持つ

「なんだ、それだけのことか」と思われたかもしれませんが、**50%という数字を決めたこと**がここでのポイントです。単に「降水確率が高ければ持つ」では客観性がなく、規則的に決めることはできません。まずは基準値を決め、知り得た降水確率とこの基準値を比較し、基準値以上なら持つという手順を取ります。

このような規則に基づく判定は、コンピュータが処理できる判

第2章　プログラミング的な思考と表現

定です。つまり、降水確率が何％なら傘を持つかが明確であれば、それをプログラミングしてコンピュータで判断できるのです。

✏ 問題 **2-5**

長傘と軽量な折り畳み傘を持っています。手荷物をできるだけ軽くしたいので、あまり降らなそうなら折り畳み傘にしたいと思います。規則的に判定するには、何を決めればよいでしょうか？

解説

たとえば、次のような判定方法が考えられます。

降水確率が30％以上60％未満なら折り畳み傘を持ち
降水確率が60％以上なら長傘を持つ、と決める

判定の考え方は「降水確率が高そうなら長傘にして、あまり高くなければ折り畳み傘にする」というものですが、やはり客観性がなく、規則的に判断できません。コンピュータで判定させるには、傘の種類とその傘を持つ降水確率の％の組み合わせを定義します。

☑ 問題 **2-6**

以下に挙げている問題2-4の手順を、長傘か折り畳み傘のどちらを持つかを決める手順に変更したいと思います。変更後の手順はどうなるでしょうか？

手順	処理
1.	降水確率が50%なら傘を持つ、と決める
2.	ニュースかスマホで降水確率を確認する
3.	確認した降水確率が50%以上なら、傘を持つ

解説

次のようになります。

手順	処理
1.	降水確率が30%以上60%未満なら折り畳み傘を持つ、と決める
2.	降水確率が60%以上なら長傘を持つ、と決める
3.	ニュースかスマホで降水確率を確認する
4.	降水確率が30%以上なら、折り畳み傘を持つ
5.	降水確率が60%以上なら、長傘を持つに変更する

この例で示した規則に基づく判定をコンピュータにコピペするとどうなるでしょうか？ 次の図のような処理を行うということになります。

第2章 プログラミング的な思考と表現

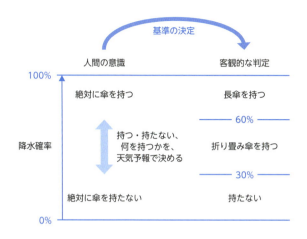

「人間の意識」のような、天気予報を見て決めるという漠然とした判断方法を、明確な基準のある規則として定義し直したことにより、コンピュータが人間の代わりに判断できるようになりました。

2.3 プログラミング的な処理の表現

現在使われているほとんどのコンピュータは、逐次処理型と呼ばれるタイプで、時系列の順に一度に1つのことだけ処理を実行します。したがって、プログラムの中の記述も、基本的には時間の経過に従い、上から下に向かって流れていきます。

　プログラムの中身を説明するときに、これらの処理 (上の図では処理1から処理5) をどうやって表現するのがよいでしょうか？

　まず思い浮かぶのは文章で説明することですが、文章だけで意図を正しく伝えるのは、それなりの難しさがあります。1人で全部プログラミングするならどうにかなるとしても、プログラムの規模が大きくなり、関係する設計者やエンジニアの人数が増えると、文章だけではどうやっても誤解を避けがたいことがわかりました。そのため、図を用いた表現が考案され、実際の設計でも文章と図を併用してプログラム仕様を記述しています。

　この節では、プログラムの処理の記述に図が必要となった背景と、逐次処理の記述に適したフローチャートと呼ばれる図による表現方法を紹介します。

2.3.1　文章だけで伝える難しさ

　人が書いた文章を読んで、「大体はわかるけど、よくわからないところがあるな」と思ったことはありませんか？　言葉だけで考えや意図を伝えようとするのは、実はかなり難しいものです。ウェブサイト、本、雑誌などでは、図、イラスト、写真と手を変え品

第2章 プログラミング的な思考と表現

を変え、いろいろな表現方法を折り混ぜています。そのほうが、言葉だけよりも効果的に伝達できると考えられるためです。

こんな例はどうでしょう。プログラム仕様書に書いてある一言についての疑問です。何をすればよいか想像してみてください。プログラム仕様書の一言を読むと、一瞬わかった気になりますが、考え始めると多くの疑問が湧いてくると思います。

- ロボットのプログラム仕様書に「車が来たら乗る」と書いてある ➡ どんな車？ どうやって？ ドアは自動？
- スマホのプログラム仕様書に「振ったら画面がまわる」と書いてある ➡ どのくらい振る？ どう回す？ 振る速さは？
- プリンタのプログラム仕様書に「インクが減ったら印刷しない」と書いてある ➡ どこまで減ったら印刷しないの？ 白黒で印刷できるときは？

プログラム仕様書のほうは「大体わかる」けれども正確にはよくわかりません。そのあとの疑問のほうは具体的で、「何がわかっていないのか」を示しています。

では仕様書は詳細に書けばいいのかというと、そういうわけではありません。十分に説明するため記述を増やすほど、さらに誤解を生む要素が増えていく可能性があります。膨大な量の説明文を書くと、往々にして微妙な表現のバラツキが出てきたり、あいまいな文もあったりして混乱してしまうかもしれません。いずれにしても、それらの文章をプログラミングできるレベルにまで、素因数分解する作業が発生してしまいます。

母国語のはずの日本語でも、国語の授業やテストが高校まで続

くのも、あるレベルの論理的な文章の作成と読解は自然に身につく能力ではなく、訓練が必要なことを物語っています。

では、工業製品を作るときはどうでしょうか？ 機械製品でも電気製品でも、設計時には必ず図面を作ります。作る物と目的に応じ、機構図面、電気配線図、論理回路図など、さまざまな図面がありますが、それぞれの図面は決まった規則で書かれるため、その意味と意図は明確です。図面は対象を簡潔に捉え、伝えるべき内容を言葉より明快な方法で表現できるツールです。

プログラムの処理を表現するのに図を使えば、やはり図のほうが簡潔かつ規則に従った表現になります。プログラムは通常の工業製品と異なり、表現するものが"考え方"なので、おそらく文章をなくすことは不可能ですが、文章と図を併用することでより正しく意図を伝えられます。

2.3.2　図からプログラムをイメージする

プログラムの内容をある程度均一な精度で記述しようする技法として、図を用いた表現がいろいろと考えられてきました。本書では、わかりやすく、プログラム的な表現ができるフローチャートと呼ばれる図を使ってプログラミングの説明を進めることにします。

フローチャートの使い勝手の良い点は、プログラミング言語を知らなくても、簡単な記号を使うだけで実際のプログラムに近い構造のプログラム的な処理を書けることです。プログラミング言語の知識と切り離して、プログラミング的思考の助けとなることに大きな意味があります。

「プログラムに近い構造でプログラム処理を書ける」とは何のことか、a+b=cという計算を例に説明します。

ここで、次のような条件があるとします。

- a、b、cは整数とする
- a、bの値は、コンピュータの画面から入力する
- 結果のcをコンピュータの画面に表示する

この条件を考慮して、a+b=cを計算するプログラムをフローチャートで表現すると、次のようになります。

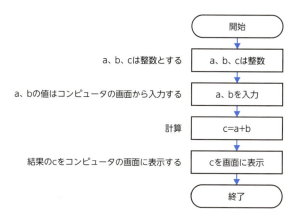

左側が文章による説明で、右側がフローチャートです。フローチャートの中のそれぞれの箱を見て、プログラミング言語にしたときに何を書けばよいのかを想像するのは比較的容易です。

詳細さの点で、フローチャートはプログラミング言語で書かれたプログラムより粗さが残るのは避けられませんが、プログラム

の「一歩手前」の書き方としてフローチャートを活用すれば、プログラミングの代わりとして十分役に立ちます。

2.3.3　フローチャートの記号

　フローチャートの記号は、JISの規格としてJIS X 0121-1986に定義され公表されています。その中から、どんなフローチャートも間違いなく使っている、3種類の記号を紹介します。

　本書ではわかりやすさを優先し、ほとんどの説明でこの3種類の記号だけを使います。それ以外の記号を使う場合には、その都度使い方の紹介を挟んでいきます。

　なお、JIS X 0121-1986の各種の記号については、本書の末尾で資料として紹介します。

❖ 処理

　長方形は処理を表します。

　処理とは一般的な動作や計算を意味し、その内容を長方形の中に記述します。箱の中の記述に特段の制限はありません。そのため、1つの箱の中に複数の処理を書くこともできますが、処理順序の間違い防止や後の修正の容易さを考えると、1つの箱は出来る限り1つの処理の記述だけとするのが適切な使い方です。

第2章 プログラミング的な思考と表現

```
  C=A+B
```

```
  ライトを点ける
```

❖ 判断

ひし形は判断による分岐を表し、1つの入り口と複数の出口を持ちます。

ひし形の中には、分岐条件（分岐判定）を記述します。通常一番上の角が入り口で、残りの3か所を出口として使います。出口には、その分岐に進む理由となる判断結果を記載します。1つの出口からまとめて複数の分岐が出ていることもありますが、判断結果が横書きされているので、どこに分岐するのかは図を見ればわかります。

例

この図は、「今の天気は？」と質問したときに、答えが「晴れ」の場合は下矢印に進み、「晴れ以外（＝曇、雨、雪等、晴れ以外のすべて）」の場合は右側の矢印から先に進むという意味です。

次の図は、複数の分岐を1つの出口から出す場合の書き方の例です。

49

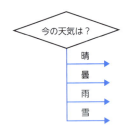

悪い例

　分岐判断と分岐結果が一致しない、つまりどこにも出口のない結果を持つ判断を作るのはNGです。「今の天気は？」に対する結果として「晴」「曇」「雨」「雪」があり得る場合に、「晴」と「曇」だけしか出口がない判断を作ったとします。この時、雨と雪だと永遠にこの判断から先に進むことができず、コンピュータの"フリーズ"とか"固まった"と言われる状態を引き起こすことになります。

端子

　角の丸い四角は端子と呼ばれ、プログラムの開始と終了を表します。

例

　表記は、「始め」「終わり」でも「Start」「End」でも、意味が通じるものであればOKです。

　これ以外にも多くの記号が定義されていますが、極端なことを言うと、ひし形の"分岐"以外はすべて長方形の"処理"で書いても、多少の補足説明があれば、ほとんどの場合意味は通じます。

　大事なのは、このような形式でプログラムに適した処理を書くことができる、つまり頭の中の考えや解決方法の整理に使える、と言うことを"知っている"ことです。

第 **3** 章

プログラムの
基本形と考え方

それでは、いよいよプログラムの中身の話に入っていきましょう。この章では、プログラムで使われる代表的な3つの処理について解説します。その3つとは次のものです。

- シーケンシャル（直列的）な処理
- 条件分岐のある処理
- 繰り返しのある処理

　それぞれの処理の流れ方と書き方について見ていきます。また、プログラミングするときに注意すべき点やその回避策のヒントも織り交ぜて、話を進めていきます。

3.1　シーケンシャルな処理
── カレーライスを作る

　最も基本的なプログラムの処理は、一直線に処理をこなしていく形態です。プログラミング自体も非常に明快です。
　ここでは、料理ロボット用のカレーライス調理プログラムを題材に、直線的な処理の作り方を通して「あいまい」な指示をどのようにプログラミングしていくかについて考えてみましょう。
　人間は過去の体験や経験をもとにして、さまざまなことを「当たり前」に処理していますが、表現形式が定義されていない「当たり前」は往々にして「あいまいさ」を含んでいます。これに反して、コンピュータは表現する人や状況に依存する「あいまいさ」を理解できません。ここでは、何も知らないロボット（コンピュータ）に「当たり前」を処理させることを通して、コンピュータが処

第3章　プログラムの基本形と考え方

理できない「あいまいさ」を取り除く方法について考えます。

　ここでのカレーライスづくりの進め方は次のようになります。

❶ ご飯とカレーの両方を作る
❷ ご飯は一般的な家庭用炊飯器で炊く
❸ カレーは市販のルーを使い、その調理方法に従う
❹ 最後に、皿に盛りつけて完成

　さて、まずはご飯の炊き方から見ていきましょう。

3.1.1　ご飯の炊き方の何があいまいか？

　それでは炊飯から始めましょう。次は、一般的な家庭用炊飯器の炊飯手順です。

手順	処理
1.	開始
2.	炊飯釜に生米を入れる
3.	米を研ぐ
4.	水を張る
5.	炊飯器に炊飯釜を入れる
6.	炊飯コースをセットする
7.	「炊飯」スイッチを押す
8.	終了

　基本的には、炊飯器のマニュアルどおりです。

📝 問題 **3-1**

　料理ロボットは、この指示では記述不足で炊飯できないようです。どの記述で、何が不足しているのでしょうか?

解説

　次の記述が不足しています。

手順2：炊飯釜に生米を入れる

　米の量がわかりません。何合炊くかといった指示が必要です。

手順3：米を研ぐ

　具体的な作業にする必要があります。

手順4：水を張る

　水の量の指示が必要です。原則としては、米の量で決まりますが、かため・柔らかめなど、好みで調整する可能性もあります。

手順6：炊飯コースをセットする

　セットする炊飯コースの指定が必要です。

　いずれも、いちいち言わなくてもわかるでしょ、という内容ですが、ロボットとしては指示されないと先に進めません。

　そこで、ここでは次のように指示することにします。

- 米の合数は、作る皿数分と同数とする（1皿＝1合）
- 研ぎ加減は、米を30秒研ぎ、水を3回捨てる
- 張る水の量は、炊飯釜の合数の目盛りどおり
- 炊飯コースは、「白米」を「ふつう」で炊く

第3章　プログラムの基本形と考え方

● 調理前に、作るカレーライスの皿数を決める

　作る皿数は、調理するたびに毎回入力する方法と、固定値として決まった値を毎回使う方法のどちらも実現可能です。ここでは、作る皿数は入力し、それ以外の値は固定値を使うことにします。

　以上の追加の指示を含めて手順を書き直すと、次のようになります。

手順	処理
1.	開始
2.	炊飯条件を設定
	・ 米の合数＝カレーライスの皿数
	・ 研ぎ方＝30秒研ぎ水を3回流す
	・ 水加減＝合数の目盛りどおり
	・ 炊飯コース＝白米＋ふつう
3.	作るカレーライスの皿数を入力
4.	炊飯釜に生米を入れる（手順3の入力から合数を決定）
5.	米を研ぐ（手順2の指定どおり）
6.	水を張る（手順2の指定どおり）
7.	炊飯器に炊飯釜を入れる
8.	炊飯コースをセットする（手順2の指定どおり）
9.	「炊飯」スイッチを押す
10.	終了

　次にこれをフローチャートで表します。

57

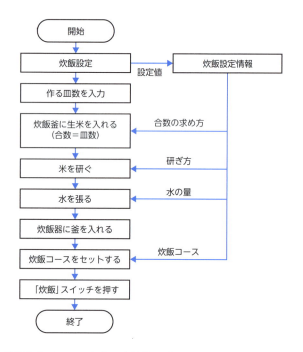

　処理自体は、このように直線的です。

　手順2で設定した値は、変数と呼ばれる特定の値を持たない記号に代入されます。変数は、名前の付いた空き箱のようなものです。箱の形（データの形式）と一致するものであれば、その中に何でも（どんな値のデータでも）入れることができ、変数の名前を呼ぶと、その中身（データの値）を返してきます。

　手順2で設定した値も、対応する変数（ここでは「合数の求め方」「研ぎ方」「水の量」「炊飯コース」）に記憶され、その設定した値を必要とする処理が知りたい変数を参照する、という表現になっています。「炊飯コースをセットする」処理であれば、処理の実行

時に「炊飯設定情報」に保持されている「炊飯コース」を参照する、というイメージです。

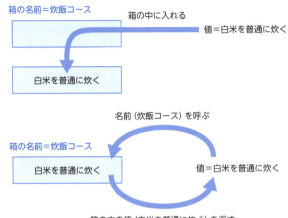

3.1.2　ロボットが読んでわかるカレーの作り方

今度は、カレーを作るプログラムを考えましょう。市販のカレールーのパッケージどおりに作りたいので、まずはじっくりと説明を読みます。

📝 問題 3-2

料理ロボットにパッケージどおりの「材料」を集めるように指示しましたが、指示が不明確で集められませんでした。
どこが問題でしょうか？　指示の修正案も考えてください。

材料＜6皿分＞	
固形カレールー＜中辛＞ 1箱 (115g)	じゃがいも 中1½個 (230g)
肉 250g	にんじん .... 中½本 (100g)
玉ねぎ 中2個 (400g)	サラダ油 大さじ1
	水...850ml (鍋にふたをする場合は750ml)

作り方

❶ いためる
玉ねぎがしんなり するまで

中火

厚手のなべにサラダ油を熱し、一口大に切った具材をいためる。

❷ 水を入れ、煮込む
水850ml

弱火〜中火

あくを取り、具材が柔らかくなるまで煮込む。(沸騰後約15分)

❸ ルーを入れる

火を止める

ルーを割り入れて溶かす。

❹ 煮込む
とろみがつくまで

弱火

再び煮込む。(約10分)

解説

以下の内容が不明確です。

- 肉の種類
- 野菜の大きさ・個数と、丸括弧内に記載された重量の関係

さらに、料理ロボットが何の知識も持たないとすると、次のものも不明確な情報ということになります。

- ジャガイモの種類（男爵イモやメークインといった品種名で呼ばれることもあり、なんでもいいとは書いてない）
- 大さじの量

皆さんが「玉ねぎ 中2個 (400g)」を読んで特に違和感を感じないのは、「特に大きくも小さくもない玉ねぎを2個使えばよい」

第3章 プログラムの基本形と考え方

と経験的に理解しているからだと思います。現実世界では、中2個でキッチリ400g±0gになることなどあり得ません。だいたいそんなもんだ、という感覚を持たないコンピュータに指示するには、「中」とはどの程度の大きさか（直径？ 重さ？）、中2個が400gに足りなかったら3個にするのか大きなものと交換するのか？ 中2個が400gを超えていたら切り落として400gにするのか、それとも小さなものと交換するのか？ これらの疑問に対する答えになる、一意に決定できる条件を与える必要があります。

そこで、プログラムでは次のようにします。

● 肉は牛肉とする（ブロック、薄切り等の形状は問わない）
● 野菜は、大きさと個数を無視して重さだけで判断する。記載のグラム数より重ければOKとする。ただし、記載のグラム数を超過する最小の個数であること。
● ジャガイモの品種は問わない
● 大さじの量は15mlとする

何はともあれ、これで材料は確定したので、今度はパッケージの「作り方」を見て調理プログラムを考えましょう。

📝 問題 3-3

パッケージの「作り方」に従った調理の流れを、フローチャートで表現するとどうなるでしょうか？
なお、「作り方2」では鍋にふたをします。

解説

手順	処理
1.	開始

パッケージの「作り方1」

2.	鍋に油15ml入れる
3.	コンロを点火し、中火にする
4.	油を熱する
5.	鍋に食材を入れる
6.	食材をへらで混ぜる(炒め中)
7.	玉ねぎを炒める

パッケージの「作り方2」

8.	水を750cc入れる(ふたをするときの量)
9.	沸騰させる
10.	あくを取る
11.	弱火にする
12.	ふたをする
13.	15分待つ

パッケージの「作り方3」

14.	火を止める
15.	ルーを溶かす

パッケージの「作り方4」

16.	コンロを点火し、弱火にする
17.	10分待つ
18.	火を止める
19.	終了

　上の調理の流れをわかりやすいように「作り方」ごとに分割して、フローチャートにしてみます。

第3章　プログラムの基本形と考え方

※フローチャート中の丸数字は、「結合子」と呼ばれる記号です。フローチャートが長くなり、途中で切って描くような場合に、そのつながりを示します。

それぞれの「作り方」は時間に従って、上から下に流れるシーケンシャルなフローになっていることがわかります。

📝 問題 **3-4**

　ところで、材料のときと同じ要領で、パッケージの「作り方」の不明確な箇所を洗い出してください。ロボットの気持ちで読み直すと、たくさんあります。

解説

　パッケージの「作り方」の順に不明確な点を見ていきます。

作り方1

- 「一口大に切る」の、一口大の大きさ
- 「しんなりする」の、しんなりの基準

作り方2

- いつから「あく」を取るのか（水を入れた時点ではまだない）
- 「あく」を取る"程度"の基準はあるのか（言い換えると、いつまで・どこまで「あく」を取るのか）
- 「具材が柔らかくなるまで」の、柔らかいの基準
- 「弱火〜中火」の、火加減を調整する基準

作り方4

- 「とろみがつくまで」の、とろみの程度の基準

　そのほかに、次のものを挙げることができます。

- ふたをするのか、しないのか（水量はふたのある／なしで異なる）
- 「厚手のなべ」の厚手とは何ミリ以上なのか
- 「油を熱し」とはどういう状態か

- 「沸騰後約15分」や「約10分」で使われている「約」は、結局何分なのか

いろいろな項目を不明確な例として示しましたが、これは説明が足りないと言いたいわけではありません。このような簡潔な記述でも理解できる人間の柔軟な判断力に対し、ロボット（コンピュータ）は内容を推しはかって自分で勝手に決めることができないという限界を物語る例として見てください。

3.1.3 ご飯とカレーの同期

最後に、カレーライスを作る全体のフローチャートを作ります。常識的には、ご飯を炊いて、カレーを作って、両方できたら盛りつけてでき上がりです。すでに「炊飯」と「カレー調理」のプログラムを作りましたので、これらを合体させると次のようになります。

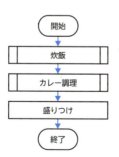

ここで、新たに縦線付き長方形の記号を使いました。

この記号は処理の一種ですが「定義済み処理」と呼ばれ、すでに作った一連の処理（プログラム）をこの箱の中でそのまま使います、という意味で使われます。たとえば、上のフローチャートの

	炊飯	

という記号は、4.1.1項で作成した炊飯プログラムをここで使います、ということです。

✒ 問題 **3-5**

全体のフローチャートで、最後の盛りつけ前に注意すべきことがあります。それは何でしょうか？

また、その対応を追加したフローチャートはどのようになるでしょうか？

解説

全体フローチャートでは、カレー調理プログラムが終わったらすぐに盛りつける手順になっています。もし炊飯が終わっていなくても、ロボットは炊飯器のふたをガバッと開けて、中の米をそのまま盛りつけてしまうことになります。

炊飯プログラムのフローチャート（4.1.1項）を、もう一度見てください。このプログラムは、「『炊飯』スイッチを押す」で終了しています。炊飯器は炊き上がれば自動的に保温に切り替えるので、この終わり方自体に問題はありません。しかし、盛りつけのタイミングを考えると、炊飯の終了と盛りつけの開始を同期させる必要があります。

第3章 プログラムの基本形と考え方

この問題には2つの改善策が考えられるので、フローチャートを使って表してみます。

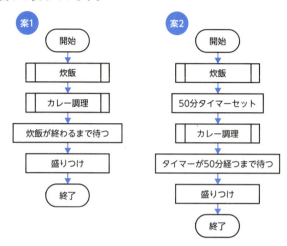

📝 問題 3-6

上の2つの改善案はそれぞれどのような対策により、炊飯中に盛りつけないようにしているのでしょうか？

解説

案1: 炊飯が終了するまで待つ改善案。たとえば、炊飯ランプの消灯や保温ランプの点灯を検出して、炊飯が終了したことを判断する。

案2: 炊飯が終了しているはずの状況かどうかを判定する改善案。たとえば、炊飯は50分以内に終了することを知っている前提で、炊飯開始直後に50分タイマーをスタートし、50分経過したら炊飯は終了していると判断する。

この2案のいずれがよいのか、正解はありません。確実なのは案1のほうですが、実現性から考えると案2のほうが容易です。いずれを選択するかは、総調理時間に対する要求（案2では必ず一定時間以上を必要とする）、炊飯時間のバラツキ、料理ロボットの能力、器具の条件などを含めて検討する必要があるでしょう。

以上、人間が「当たり前」に処理できることも、コンピュータでは具体的な条件として指示する必要があることを、複数の角度から見てきました。

プログラミング作業だけで言えば、直線的な処理自体は非常にわかりやすいのですが、この「あいまいさ」を取り除く作業のような何をプログラミングするのかという視点は、処理の流れの簡単さとは異なる次元で大事なポイントです。

3.2 条件分岐のある処理
── ジャンケンの勝ち負け

プログラムでは、特定の条件についての判断結果によって次に処理する内容が変わる条件分岐という処理を頻繁に使います。勝ち負けを決めるような判定も、この条件分岐を行う例にあたります。この節ではジャンケンを例にして、条件分岐を含むプログラムの処理手順を考えていきます。

3.2.1 ジャンケンのルール

コンピュータと人が1対1で対戦する、ジャンケンプログラムを作るので、まずはルールを書き出します。いまさらジャンケンの

第3章　プログラムの基本形と考え方

ルールですか？と思うかもしれませんが、思ったよりまじめに整理する必要のあることがわかります。

ルール

- 合図（よくやるジャンケンポンの掛け声）を出す
- その後、好きな手を出す
- 出せる手は、グー・チョキ・パーの3種類
- 自分の手と相手の手と比べて、勝敗を決める
- あいこなら、やり直す

　なお、コンピュータの出す手は、操作する人が指定（入力）することにします。

　このルールを、ジャンケンの手順として次のように書き直しました。

手順	処理
1.	開始
2.	合図を出す
3.	自分の手を指示（入力）する
4.	相手の手を見る
5.	勝敗を判定する
	㋐勝ちの場合、手順**6**に進む
	㋑負けの場合、手順**7**に進む
	㋒あいこの場合、手順**2**に戻る
6.	勝ち宣言、手順**8**に進む
7.	負け宣言、手順**8**に進む
8.	終了

69

この手順をフローチャートで示します。次のようになります。

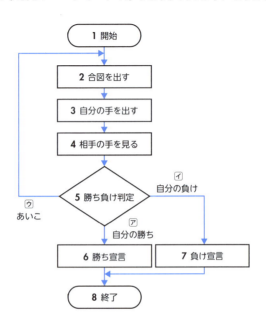

手順5の条件分岐は、判定結果によって異なる手順へ進む様子が、視覚的にわかりやすくなっています。

問題 3-7

ところで、ルールの中から大事な部分が抜けています。
何が抜けているのでしょうか？

解説

勝敗を決めるルールが抜けています。

グー・チョキ・パーの勝敗の決め方は、誰でも知っている常識

第3章 プログラムの基本形と考え方

と言ってよいのですが、コンピュータにはルールとして明示的に
勝敗の決め方を教える必要があります。

そこで、最初のルールに、次の勝敗ルールを追加します。

- グーはチョキに勝つ
- チョキはパーに勝つ
- パーはグーに勝つ
- 同じ手どうしの場合はあいこ

3.2.2 勝敗判定

さて、誰かとジャンケンする光景を想像してみてください。ど
うやって勝敗を決めましたか？ お互いに出した手をチラッと見て、
ほとんど無意識の内に勝敗を判断しているのではないかと思いま
す。

ソフトウェアは、人間のように出ている手をチラッと見て勝敗
を判断することはできません。どうするかというと、自分の勝ち、
負け、あいこのいずれに当てはまるのかを、順番に判定していき
ます。

たとえば、自分が勝ちの判定は次のようになります。

自分はグー　　　かつ　相手はチョキ　または、
自分はチョキ　かつ　相手はパー　　　または、
自分はパー　　　かつ　相手はグー
ならば、自分の勝ち

自分が負けの場合は、勝ちと逆のパターンです。

71

自分はグー　　　かつ　相手はパー　または、

自分はチョキ　かつ　相手はグー　または、

自分はパー　　かつ　相手はチョキ

ならば、自分の負け

✍ 問題 **3-8**

それでは、あいこの判定方法はどうなるでしょうか？

解説

あいこの判定方法は、次のようになります。

「自分の手と相手の手が同じ」ならば、あいこ

あいこの場合は、自分の手と相手の手が同じかどうかだけを判断すればよいので、出した手の種類について考慮する必要がありません。つまり、同じだった手がグーか、チョキか、パーかは判定する意味がないので考えないということです。

さて、いまさらですが、ジャンケンの結果は、勝ち、負け、あいこの3種類だけです。したがって、2種類の結果に当てはまるかを判定して、どちらにも当てはまらなければ、自動的に残りの結果になります。たとえば、「勝ち」「あいこ」の順に判定し、どちらでもなければ負けということです。

第3章 プログラムの基本形と考え方

1. 自分が勝ちか判定する
2. あいこか判定する
3. どちらでもなければ、自分の負け

　気分的には自分が勝ちかどうかを最初に知りたいところですが、プログラムの処理効率の点からは、次のようにあいこの判定を最初に行うべきです。

1. あいこか判定する
2. 自分が勝ちか判定する
3. どちらでもなければ、自分の負け

📝 問題 3-9

なぜ、あいこの判定を先に実施したほうがよいのでしょうか？

解説

　あいこの判定は手の種類を見ていません。そのため、1回のあいこ判定で3パターン（グーであいこ、チョキであいこ、パーであいこ）を一度で判断できます。これに対し、勝ち・負け判定は該当する3パターン（勝ちの場合なら、グーで勝つか、チョキで勝つか、パーで勝つか）の判定に平均2回の処理を行います。この違いが、一度の処理で済むあいこの判定を先に実施したほうが、処理効率が良くなる理由です。

　それでは、勝敗判定を組み込んだジャンケンプログラムにアップデートしましょう。

手順	処理
1.	開始
2.	合図を出す
3.	自分の手を指示（入力）する
4.	相手の手を見る
5.	勝敗を判定する

/*あいこ判定*/
    A自分の手と相手の手が同じならば、あいこ

/*自分の勝ち判定*/
    B自分はグー　　　　かつ　相手はチョキ　または
    C自分はチョキ　　　かつ　相手はパー　　　または
    D自分はパー　　　　かつ　相手はグー　　　ならば、
    E自分の勝ち

/*自分の負け判定*/
    F以上のどれにも当てはまらなければ、自分の負け

/*判定後の手順・順不同*/
    ㋐勝ちの場合、手順**6**に進む
    ㋑負けの場合、手順**7**に進む
    ㋒あいこの場合、手順**2**に戻る

手順	処理
6.	勝ち宣言し、手順**8**に進む
7.	負け宣言し、手順**8**に進む
8.	終了

　ところで、/*あいこ判定*/のように、/* */で囲まれた表記を
コメント文と呼びます。この部分は、コンピュータにとっては意
味がないという記号です。なぜこのようなものがあるのかという
と、あとでプログラムを見たときにわかるようにメモを残すためで
す。この/* */部分は、プログラムをソフトウェアに変換するとき

第3章　プログラムの基本形と考え方

には無視されます。この無視されることを利用して、プログラム
内に書きかけの部分などがある場合にそこを飛ばし読みさせる
ことがあります。無視させる目的でコメントにすることを「コメン
トアウト」と言います。

　さて本題に戻って、次に手順5の勝敗判定について考えてみま
しょう。

☑ 問題 3-10

　手順5の中身は次のとおりでした。

手順	処理
5.	勝敗を判定する
	/*あいこ判定*/
	A 自分の手と相手の手が同じならば、あいこ
	/*自分の勝ち判定*/
	B 自分はグー　　　かつ　相手はチョキ　または
	C 自分はチョキ　　かつ　相手はパー　　　または
	D 自分はパー　　　かつ　相手はグー　　　ならば
	E **B**〜**D** のいずれかならば、自分の勝ち
	/*自分の負け判定*/
	F 以上のどれにも当てはまらなければ、自分の負け
	/*判定後の手順・順不同*/
	㋐勝ちの場合、手順6に進む
	㋑負けの場合、手順7に進む
	㋒あいこの場合、手順2に戻る

　この部分だけのフローチャートを書くと、どうなるでしょう
か?

75

解説

この部分のフローチャートは次のようになります。

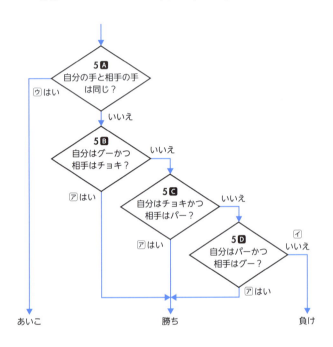

まず、あいこの判定を行い、あいこでなければ自分の勝ちかどうかをグー、チョキ、パーの順に判定していきます。

ところで、このフローチャートの図の中には、手順**5**の**E**と**F**に相当する記号がありません。記述と図に違いが生じるのは、次の理由によります。

- 勝ち判定**E**は、**B**〜**D**の3条件の「または(OR)」です。これは**B**〜**D**のどの条件が成立しても、勝ちと判定するOR条件と

第3章　プログラムの基本形と考え方

呼ばれます。フローチャートでは、OR条件は同じ線に合流させることで表現できるため、明示的に書かずに済みます。そのため、**5B**〜**5D**の判定結果の「ア はい」を1本の線にまとめて書けば、**E**の「自分の勝ち」と同じ意味になります。

● 自分が負けたことは、**5A**から**5D**のすべての判定で「いいえ」となったとき（つまり引き分けでも勝ちでもないとき）、結果的に最後の**5D**の「いいえ」が負けの決定となります。勝敗判定の考え方としては**F**のような負け判定がありますが、実際のプログラムでは直接的な「負け判定」は不要ということです。

この判定処理の部分を、先に作ったジャンケン全体のフローチャートの中にはめ込んでみましょう。

次の図中の破線で囲んだ部分が判定処理で、囲みの中の勝敗の結果と外部がつながる点を○で表しています。こうすると、もとの言語記述の手順とフローチャートの対応がよくわかります。

> **Column**　　　　　　　　**AND条件**
>
> 「自分の手がグー かつ 相手の手がパー？」のように、1つ1つの勝ち判定は、自分の手と相手の手の組み合わせを、"かつ"という言葉でつないでいます。「AかつB」とは、AとBの両方が起こっているという意味で、AND条件と呼ばれます。AND条件は、この例のOR条件のように線をつなげるような表現はできないので、必ず文字で書き示します。なお、本当のプログラム中では、フローチャートと異なり、OR条件も必ず文字で書きます。

77

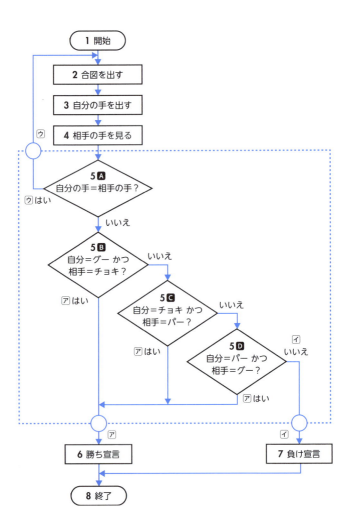

第3章　プログラムの基本形と考え方

📝 問題 **3-11**

ところで、自分の手と相手の手を比べる記述を、ほんの少しだけ書き換えました。どこでしょうか？

解説

等号（=）の記号を使っています。

プログラムで何かを判断する処理は、結局、等号不等号（=、≠）や大小比較（<、>）などを使った判定になります。そのため、処理を記述する時点からそれらの記号を使うほうが、あとで自分以外の人が見たときにもわかりやすい記述になります。

📝 問題 **3-12**

これまで作ったすべてのジャンケンフローチャートは永久に終わらない可能性があります。

どういう場合でしょうか？　修正案も考えてください。

解説

あいこが続く限り、永久に終わりません。リアルなジャンケンでは、経験的に3回もやれば勝負がつくので、現実的には心配する必要はなさそうですが、プログラミングとしては、いつ終了するのかをコンピュータが管理できない構造にするのはご法度です。

終わらなくてもちゃんと動いているのか、実はプログラム自体の問題で終了できないのか、コンピュータで何が起こっているのかがわからない状態を作らないことはプログラミングの鉄則です。

修正案としては、次の方法が考えられます。

79

1. 勝負の回数の上限を設定し、上限に達したら「あいこ」で終了する
2. あいこになったら、ジャンケンを続けるかどうかコンピュータから問い合わせる（画面に「続けますか?」と質問が表示されるイメージです）

いずれか一方の対処だけでもよいですし、両方の対処を行うこともできます。

3.3 繰り返しのある処理
―― ロボットをコースに沿って歩かせる

昨今では、プログラミングロボットが教材として広まっていますが、ここでは紙上で仮想ロボットを操作しコースに沿って歩かせてみます。

3.3.1 ロボットの基本動作

仮想ロボットには、次の操作（コマンド）が定義されています。

コマンド

- 前進（動くマス数）
- 後進（動くマス数）
- 右回転（角度）
- 左回転（角度）

次の図は、各コマンドの動作例です。なお、図の中では、ロボ

第3章 プログラムの基本形と考え方

ットの絵（■|）を含め、簡易な図形を使って説明していきます。なお、ロボットの絵（■|）で線（|）のある面がロボットの前面です。

- 前進は体の前方に進み、後進は体の向きを変えず後方に進む。

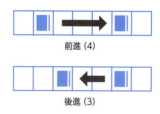

- 回転時は、同一のマス内で体の前面をコマンドの方向に指定角度分だけ回転させる。指定できる角度は、45度と90度とする。

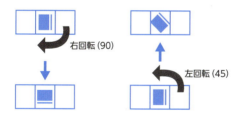

- 45度を向いている場合の前進・後進は、角が接する斜め前後方向のマスに移動する。

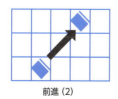

前進（2）

81

- スタート時、ロボットは必ず紙面の右を向いている。
- ゴール時、ロボットはどの向きからゴールのマスに入ってもよいがゴールのマスで停止しなければならない。

3.3.2 プログラミングして歩かせる

それでは、ロボットを動かすプログラムを考えてみます。

📝 問題 3-13

ロボットは左側のSマークの位置からスタートし、右側のGマークのゴール（●）に向けてフィールド内を移動します。途中、障害物（▲）のあるマスは通過できません。

下記の配置に対し、最短距離で到着するコース、実行するコマンド、およびそのフローチャートを考えてください。

ヒント　45度回転を使い、9コマで移動します。

解説

まず、ロボットのコースを書き込みます。

　このコースに沿ってロボットを動かすコマンドは次のようになります。

　　左回転 (90)
　　前進 (1)
　　右回転 (45)
　　前進 (6)
　　右回転 (45)
　　前進 (1)

　最初の左回転 (90) は、スタートの時点でロボットの目の前にある障害物を避けて前進させるためです。この回転で、ロボットの前面を紙面の上向きに方向転換します。

　最後に、フローチャートで表します。

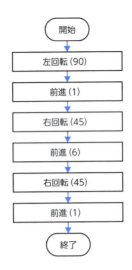

📝 問題 3-14

フィールドを変更しました。スタートからゴールへ最短距離で到着するコース、実行するコマンド、およびそのフローチャートを考えてください。

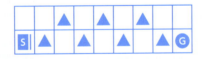

解説

まず、ロボットのコースを書き込みます。

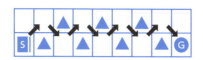

　このコースに沿ってロボットを動かすコマンドは次のようになります。

　　左回転 (45)
　　前進 (1)
　　右回転 (90)
　　前進 (1)
　　左回転 (90)
　　前進 (1)
　　右回転 (90)
　　前進 (1)
　　左回転 (90)
　　前進 (1)
　　右回転 (90)
　　前進 (1)
　　左回転 (90)
　　前進 (1)
　　右回転 (90)
　　前進 (1)

最後に、フローチャートで表します。

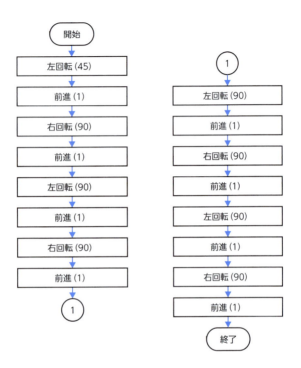

　見てのとおり、同じ手順を何度も繰り返すので非常に煩雑です。

　この処理手順では、「右回転(90)」または「左回転(90)」と「前進(1)」の組み合わせが、複数回繰り返されています。これらの処理をまとめて簡潔に記述する方法を次に考えます。

第3章 プログラムの基本形と考え方

✒ 問題 **3-15**

まず、「右回転（90）」・「左回転（90）」を、それぞれ1回だけ記述する手順に変えます。どうすればよいでしょうか？

解説

回転動作の規則性に着目します。回転を行うのが奇数（1、3、5、7）回目には右回転、偶数（2、4、6）回目には左回転しています。そうすると、実行する回転が「奇数回目か、偶数回目か」を判定すれば、回転方向を決定できることがわかります。

4.1.1項で変数について触れましたが、繰り返しが何回目かを覚えておくために、変数を使ってカウント数を記憶することにします。変数の名前は識別可能であれば何でもOKなので、わかりやすさから「count」と名づけました。なお、単純な数字のカウントにはi、jといった英字が変数名としてよく使われます。

そこで、回転の規則性を次のように整理しました。

手順	処理
1.	countに1を代入する
2.	countが奇数か偶数か判定する
	㋐ countが奇数なら「右回転（90）」
	㋑ countが偶数なら「左回転（90）」
3.	countに1を加算する
4.	手順2に戻る

これで、回転に関する重複した記述を1つにすることができます。

問題 3-16

問題3-15の処理手順を、フローチャートで表してください。

解説

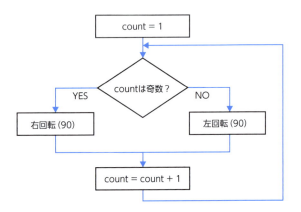

countを加算しながら、countの値を使った処理を途中にはさんでぐるぐる回る処理になっています。このような処理方法を繰り返し処理（ループ処理）と呼びます。

次に、「前進（1）」のコマンドを整理します。「前進と回転をくくり付けた組み合わせ」の繰り返しに置き換える方法で、8回ある「前進（1）」を1つにまとめます。

回転は計7回なので、1回の「前進」と1回の「回転」をセットにすると、7組できます。つまり、「前進＋回転」を1回目から7回目まで繰り返します。最後の8回目の「前進」は例外として前進後に「回転」を行わず、ロボットをゴールで停止させます。

つまり、次のような判定と処理を行うことになります。

- 「前進」後にcountが8未満なら、
  - 「回転」を行ってから
  - countに1を加算して、
  - 再度「前進」に戻る
- 「前進」後にcountが8なら、処理を終了する

これに、一番最初のコマンド「左回転 (45)」を加え、全体のフローチャートを表します。

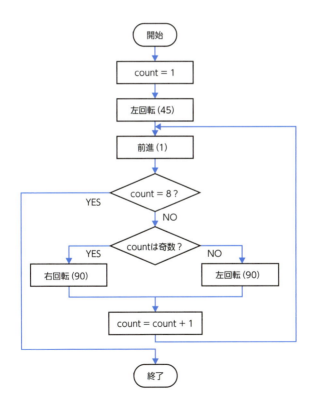

✍ 問題 3-17

　当初考えた判定は「countが8未満であれば繰り返す」でしたが、上記の判定は「count=8?」となっていて、「未満」を判断する大小比較ではありません。なぜこれでもよいのでしょうか？

解説

　countの値は1から始まり、順次1ずつ加算していくことがわかっています。つまり、必ず8未満から始まり、8以上となるのは初めて8になる場合だけなので、大小比較ではなく、等号の判定でも問題ありません。

　実は、問題3-16のフローチャートでも同じような処理を行っています。ここでは、奇数・偶数判定ではなく奇数かどうかだけを判定しています。countの値は整数なので、奇数でなければ必ず偶数となる性質を利用したものです。

　この問題の意図は、プログラムの条件判定は判定する対象の性質により（良し悪しの話は別として）書き方に "揺らぎ" があることを示すためです。判定の中身を考える場合、このような点への注意も必要です。

＊　＊　＊

　以上見てきたように、同じ処理の繰り返しをまとめることで、結果的にプログラムのサイズを小さくすることができます。フローチャートで示した個々の処理が、仮にプログラム1行に相当すると、整理前の16行が整理後は8行に減るということです。一般的に同じ処理内容であればプログラムをコンパクトに作るほど効

率的なソフトウェアになるので、繰り返し処理は広く使われています。逆に、繰り返し処理を用いた記述にしないと、プログラムがとてつもない大きさになってしまいます。

3.3.3 プログラムからロボットの歩き方を推測する

ここまではロボットを動かしたいコースを考え、それをプログラムとして表現してきましたが、最後にロボットの動作を記述したフローチャートから、ロボットがどのように動くのかを考えてみましょう。

問題 3-18

次の図は、ロボットの動くフィールドとスタート位置です。

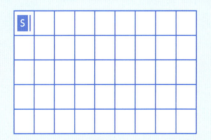

このフィールドとスタート位置の条件のときに、ロボットが次のフローチャートに従って動くとき、最後に到着するマスはどこでしょうか？ また、どのコースを通って移動しましたか？

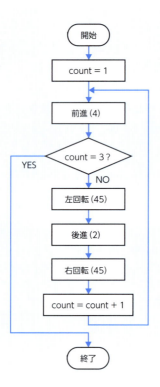

> ヒント 最初の3つの動きです。

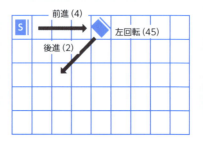

第3章　プログラムの基本形と考え方

解説

ロボットは、以下の図のように移動します。なお、画面左方向へは後進で移動しています。フローチャートと見比べて、確認してみてください。

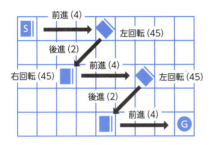

このように、自分のプログラムをあとで読み返したり、他人の作ったプログラムを読んで参考にしたりすることは重要です。仕事なら過去に作ったプログラムの問題を修正するために中身を解読するなど、すでにあるプログラムを読むことも時には必要です。そこから、さまざまな気づきも得られます。

例題ではフローチャートから動作を考えましたが、さらにさかのぼってプログラムをフローチャートに書き起こし、そこからプログラムの処理の内容を把握するというのも1つの体験レッスンとして有効です。

ところで、市販されているプログラミングロボットは、本当にプログラムどおりに動かすことができますが、そのプログラミングの内容は本質的にこの紙上ロボットと同じです。

第 **4** 章

正解のない問題を
プログラミングする

世の中には正解のない問題が山積みしています。コンピュータは正解のない問題でも、アルゴリズムさえ与えられれば、それに従った解を出すことはできます。

この章では、正解のない問題に対する処理手順や考え方の過程をアルゴリズムとして表現する方法について見ていきます。考え方の内容の"良し悪し"の議論には踏み込まず、手続き論として考えてみたいと思います。論理的な正解がない問題の解決にコンピュータをどのように活用できるのか、日常生活での問題解決の方法論としても見ることもできるはずです。また、初歩的な人工知能論にも通じる内容なので、楽しみにしてください。

この章のアルゴリズムはすべて"概念"に近い内容です。このまま実際のプログラムになるレベルではありませんが、コンピュータがあたかも自分で考えたような答えを出してくるとき、実はコンピュータの中ではこんなプログラムが動いているかもしれないと想像するベースになるでしょう。

ところで、正解がない問題に対するプロセス的なアルゴリズムが導く解は、特定の考え方がもたらす1つの結論であって、絶対の真理ではないことには特に注意が必要です。答えが出たとしても、数理的な問題に対するコンピュータの正しさとは、正しさの意味合いにおいてまったく異質です。本書で考えるアルゴリズムも単なる一例であり、何かの正解という意味はありません。

4.1　定量化してプログラミングする
── 買い物

買い物は、最終的には商品とお金の価値の交換ですが、その

第4章 正解のない問題をプログラミングする

判断には、嗜好や投機的期待など一人一人異なった価値交換の考えが働いていると思います。感情を伴った価値観に基づく買い物の判断をプログラム化しようとすると、なんらかの手段で判定可能な定量化された指標に置き換える必要があります。この観点から、買い物ロボットの購入判定プログラムを考えてみましょう。

4.1.1 買い物の心理

物を買うとき、人は次の2つの面から購入判断を行っていることが多いと思います。

- 必要かどうか
- 値段が価値相応かどうか

この2つを軸にして、購入に対する態度を分類します。

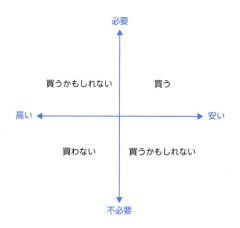

当たり前に見える図ですが、いろいろ示唆に富んでいます。

- **必要で安い (右上)**

  適正価格の場合も含め、購入判断を「買う」として特に異論はないと思います。

- **不必要で高い (左下)**

  購入判断を「買わない」として特に異論はないと思います。衝動買いの可能性がゼロではありませんが、価格が高いことはそれなりに強い阻害要因であり、やはり「買わない」となります。

- **必要で高い (左上)**

  必要な物でもやはり適正な価格範囲があり、その範囲を超える場合、普通は「買わない」と考えます。同時に、緊急度と希少性によって、「少し高くても買う」「かなり高くても買う」「(こうなると社会的パニック状態ですが) いくら高くても買う」など、需給バランスの状況で判断する可能性が多分にあります。そのため「買うかもしれない」とします。

- **不必要で安い (右下)**

  「不必要な物は買わない」と断言したいところですが、不必要な物や欲しいわけではなかった物でも、極端に安かったのでつい買ってしまったことはありませんか? 不必要だけど安い場合、往々にして購入判断の重みが、必要性から「お得かどうか」に切り換わる場合があります。そのため「買うかもしれない」とします。

買い物は人生の楽しみであり、どういう理由で何を買うかを人からとやかく言われる筋合いはありません。それでも、買い物に行けば必要性と価格のバランスの観点で、いろいろな判断を迫

第4章　正解のない問題をプログラミングする

られることに異論はないでしょう。

　前置きはここまでとして、買い物ロボット用の購入判定プログラムを作ります。必需品とお買い得品の例を通し、この買い物に対する考え方をプログラムにすると、どのような表現になるかを考えてみましょう。

4.1.2　必需品

　牛乳がなくなったので、近所のスーパーに1リットルのパックを1本買いに行くことにしました。そのスーパーでは、異なる3社から各1種類、計3種類の牛乳を販売しています。

　まず、以下の購入判定手順を考えました。

手順	処理
1.	開始
	/* 家を出る前 */
2.	上限価格を設定
	/* スーパーに着いてから */
3.	購入候補の商品の価格を確認
4.	上限と比較
5.	同じか安ければ買う
6.	終了

✍ 問題　4-1

　買い物ロボットがスーパーに行きましたが、手順3で停止しました。何が問題でしょうか？

99

解説

　購入候補の商品の「選択方法」が、決められていません。上限価格以下の牛乳が1つしかなければ買い物を続けられますが、複数ある場合は判断不能になります。適当に選ぶにしても、ロボットにしてみれば"適当に選ぶ"ための指示が必要です。

　いくつか選択方法の例を挙げてみます。

● 価格順（安い順または高い順）
● 品名順（五十音順、ABC順など、ルールにできればなんでも可）
● あらかじめ設定した好きな商品の順番
● ランダム

　実際の買い物では、価格が似たり寄ったりなら「いつもと同じ」を含めなんとなく好きな商品順で決めることが多そうです。そこで、好きな商品順に購入を判定することにし、手順を作り直します。

手順	処理
1.	開始
	/* **家を出る前** */
2.	上限価格を設定
3.	商品選択の優先順を設定
	/* **スーパーに着いてから** */
4.	第1候補の商品の売価と上限を比較
5.	上限以下なら買う
6.	上限を上回るなら、第2候補の商品の売価と上限を比較
7.	上限以下なら買う
8.	上限を上回るなら、第3候補の商品の売価と上限を比較

第4章 正解のない問題をプログラミングする

9. 上限以下なら買う
10. 上限を上回るなら買わない
11. 終了

これをフローチャートで表します。

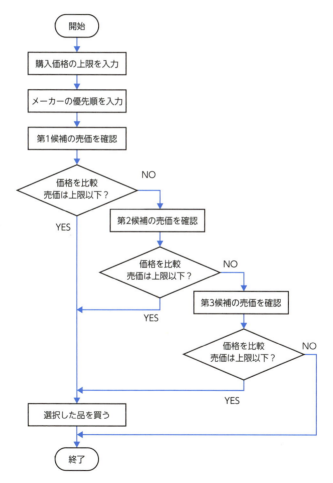

✐ 問題 4-2

近所のスーパーが扱う牛乳はA社、B社、C社の3社であることを知っていて、買い物ロボットに以下の事前設定を行いました。

上限価格＝¥180

優先順	メーカー
1	C社
2	A社
3	B社

買い物ロボットは、スーパーに到着すると商品をスキャンして次の売価リストを作りました。

メーカー	価格
A社	¥180
B社	¥170
C社	¥190

ロボットはどの商品を買ったでしょうか？

解説

答えはA社です。

次のフローチャートは、判定した（通った）経路を実線で、判定しなかった（通らなかった）経路を点線で表しています。

第4章　正解のない問題をプログラミングする

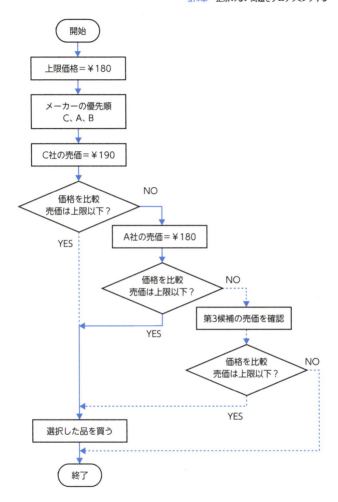

このようにして、ロボットはA社の牛乳を買って帰りました。

ところで、フローチャートを見ると、以下の同じ処理を3回繰り返していることに気づきます（iは一般化した数値表現です）。

103

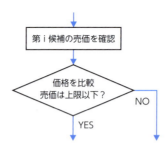

　3.3節で見たように、繰り返して行う処理がある場合、プログラムでは処理自体の記述は1つとし、それを必要な回数繰り返す記述とするのが一般的です。

問題 4-3

　繰り返し処理を用いてフローチャートを修正すると、どうなるでしょうか？

ヒント　優先順位に変数 i を用いて、最初は1を代入します。

解説

　次のようなフローチャートが完成します。

第4章　正解のない問題をプログラミングする

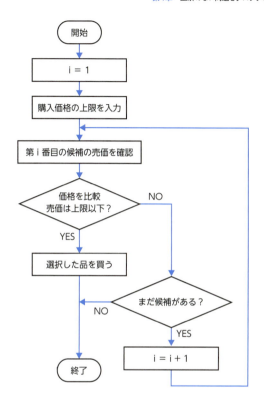

　順を追って見ていくと、i＝1から始まり、買う商品の選択が決まらないと次の商品、つまりiに1を加算しi＝2に相当する商品の購入判断に進みます。第i番目の商品で購入判定がNGとなり、「まだ候補がある？」の判定で次候補がなければ購入を断念し、処理を終了します。

4.1.3 お買い得品

　買い物に行くと、買う気がなかったけれど「お買い得ですよ！」の声につられて、つい買ってしまうことがあります。有名メーカー製品では高くて買わない物も、よく似た品を100円均一ショップで見かけて買ってしまうのも似たようなケースです。

　必需品では「どれを買うか」を判定しましたが、不要不急の品の場合は「買うか、買わないか」の判定になります。そのため、実際の購入時には、次のような複数の側面から妥当性評価をしていると考えられます。

- どの程度 "お得" か？
- なぜ安いのか？
- 使い物にならず捨ててもよいか？
- 他の店で、同じ価格で買える可能性はあるか？

　ここでは1番目の「どの程度 "お得" か？」に着目して、「主観的な商品価値」に対する "お得感" を判定し、購入するかどうか判断するプログラムを作ります。「主観的な商品価値」とは、商品価値が高いと思う品物は少しの割引でもお得感が高く、商品価値が低いと思う品物はかなりの割引でもお得感が低いことです。

　また、お得感の感じ方はそのときの "気分" に左右されると考えます。つまり同一商品の同一の割引価格でも、最終的な購入判断にはそのときの気分が影響するという意味です。

　このような考え方はなんとなく納得性がありますが、そのままではプログラムにはできません。そこで、解決策として次のような "気分メーター" を導入し、気分を数値化することにします。

第4章 正解のない問題をプログラミングする

　この気分メーターは「気分指数」を表し、結果的に購入確率として扱います。「気分メーターの箱の中の数字=0」は「絶対買わない」、「10」は「絶対買う」、「1～9」は買いそうな(買わなさそうな)度合いです。お得感が高い商品を購入する指数(購入確率)はより高く、お得感が低い商品を購入する指数(購入確率)はより低く、と商品価値に対する購入バイアスを0～10の段階化した評価で数値化します。

　ここで、商品の値引き率と、お得感を反映した気分指数による購入確率の組み合わせを、次の図で表現してみます。

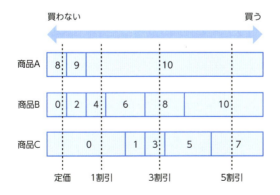

この図は、次のように読み取ってください。

商品A	商品価値は高いと思っている	定価で買う確率は8割（指数8）、1割引以上なら必ず買う（指数10）
商品B	商品価値はそれなりと思っている	定価では買わないが（指数0）、1割引の購入確率は4割（指数4）、3割引の購入確率は8割（指数8）、5割引なら必ず買う（指数10）
商品C	商品価値は低いと思っている	定価でも1割引でも買わないが（指数0）、3割引の購入確率は3割（指数3）、5割引の購入確率は7割（指数7）

例として「3割引の購入確率は8割（指数8）」の意味は、同一商品が3割引で売られているバーゲンに10回遭遇したときに、8回は買うが2回は買わない、ということです。

気分に左右されるお得感を「確率的な事象」に置き換えたことで、プログラミングできる目途が立ちました。

それでは、気分指数を用いた購入判定プログラムのアルゴリズムを考えます。アルゴリズムを考えるに当たって、ルーレットの目が出る偶然性を「確率的な事象」の表現方法として利用することにします。

第4章 正解のない問題をプログラミングする

📝 問題 4-4

ここに、1〜10の数字を持つルーレットがあり、各数字の出現確率は同じです。

さて、前から欲しかった「ブランドバッグA」がバーゲンに出ています。「ブランドバッグA」の割引率から「気分指数＝7」に決まったとして、このルーレットを使って「買う気分」と「買わない気分」の、どちらになるかを判定したいと思います。判定のフローチャートはどうなるでしょうか？

なお、「気分指数＝7」の値7は変数Xとして、判定処理のはじめに入力することにします。

> **ヒント** 次の図はルーレットと、その使い方です

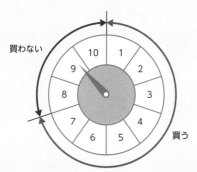

ルーレットの使い方：気分指数＝7のときは「多分買う（＝7割の確率で買う）」という意味なので、1〜7の数字が出たら買う、8〜10は買わないと判断します。この図の場合は、出た数字が9なので「買わない」になります。

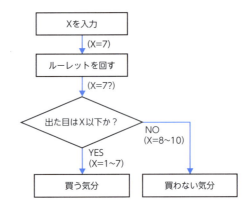

　ルーレットの出た目とXを比較し、X以下なら「買う気分」と判定します。ヒントで説明したように、X＝7つまり7割のときに「YES」を抜けるのは1〜7の7パターン、「NO」は残り3割に当たる8〜10の3パターンです。

※ここでは便宜的に1〜7と8〜10で分けましたが、きちんと説明すると、10の内7つの値はYES、残りの3つはNOというだけで、数値に意味はありません。1〜3がNO、4〜10がYESでもよいのです。

　この判定処理を利用して、「ブランドバッグA」の購入判定プログラムを作りました。プログラムでは、ルーレットの代わりに乱数を発生させます。たとえば1〜10の乱数とは、1〜10の中のどの数字が出るかあらかじめわからない数を発生させることです。なお、「ブランドバッグA」に関する割引率と気分指数の関係（割引率に対する購入確率）はすでに決まっているとします。

　これは次のフローチャートのように表されます。

第4章　正解のない問題をプログラミングする

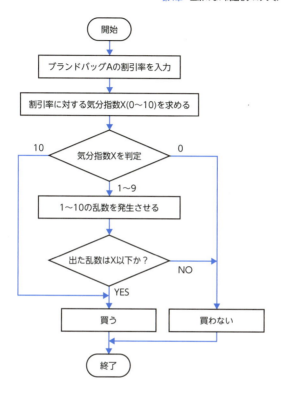

📝 問題 4-5

「出た乱数はX以下か？」の判定で、判定対象の気分指数Xの値は1〜9のいずれかですが、比較する乱数は1〜10です。正しいでしょうか？

解説

正しいです。

気分指数＝1と気分指数＝9の場合について考えてみましょう。気分指数=1は、10回に1回買うという意味です。判定がYESで「買う」に進むのは乱数が1のとき、つまり1/10なので1割です。

気分指数＝9は、10回に9回買うと言う意味です。判定がYESで「買う」に進むのは乱数が1〜9のとき、つまり9/10なので9割です。

いずれの場合も、気分指数が表す購入確率と「買う」を判定する確率が一致しています。

4.2 推論をプログラミングする
── 特ダネと怪情報

推論とは、知っている情報をもとにして未知の事柄を推定することです。限られた分野の推論を行うソフトウェアは、かつてはエキスパートシステムと呼ばれていました。今日的には、幅広い意味で使われているA.I.（人工知能）の1つに相当し、「弱いAI」とも呼ばれます。

第4章 正解のない問題をプログラミングする

今日の情報化社会では、発信源を問わず驚くべき速さと広がりで情報が拡散されています。時々刻々と私たちが入手する情報について、その真偽の判定を行う推論プログラムを考えてみましょう。

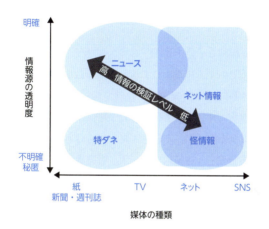

上の図は、情報源と媒体の種類を軸に、情報の検証レベルの傾向を単純化して表したモデルです。この中でカテゴリ分けしたニュース、特ダネ、怪情報について、それぞれの真偽判定アルゴリズムを検討し、最後に「入力情報」に対する真偽判定としてプログラムを統合します。

4.2.1 ニュースと事実

テレビ局や新聞社の好き嫌いはあっても、基本的にニュースや新聞記事は事実、という前提で接している方は多いと思います。

ニュースには、情報源とそれを伝える報道機関が存在します。ここで、情報源が報道機関に伝える情報を「発信情報」、報道機

関が視聴者に伝える情報を「報道内容」と呼ぶことにします。

　まず、情報源と「発信情報」について考えます。多くの場合、情報源は「関係する機関」つまり実在する政府、警察、企業、団体などです。同時に情報源が「発信情報」の出元であることも、確定的な事実です。反面、視聴者は「発信情報」そのものが過不足のない事実かどうか、確定的に知る方法はありません。

　次に報道機関と「報道内容」です。報道機関もやはり実在する団体か企業で、報道内容の出元も明確です。原則は「発信情報」＝「報道内容」ですが、一般論として以下の可能性が有ります。

- 報道機関による「発信情報」の部分削除、要約、編集等の加工で主旨が変わる可能性
- 「報道内容」が「発信情報」を超えて、報道機関の推定、憶測、論評を付加されている可能性

　以上を整理すると、次のようになります。

1. 情報源は実在する機関
2. 情報源が情報を発信したことは事実
3. 発信情報の中身の真偽は不明
4. 報道機関が報道内容を作成する

5. 報道内容には、発信情報への加工を行った可能性がある
6. 報道内容には、推定・憶測・論評が含まれる可能性がある

　上記3、5、6項が真偽の判定対象になり得ます。下の図は、情報が伝達される途中で"変化"する可能性について表してみたものです。

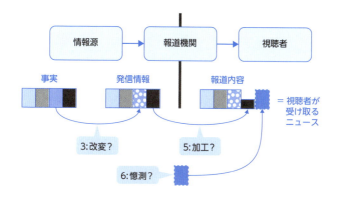

　視聴者は「報道内容」しか知り得ないので、事実と報道内容の乖離を考える筋道がアルゴリズムとなります。ここで「報道内容」と「発信情報」の同一性の判定と、「発信情報」の信憑性の判定の2つに分割したのが、次のフローチャートです。

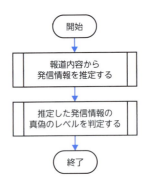

　最初に、「報道内容から発信情報を推定する」のアルゴリズムを考えます。現実的と思われるのは、同一ニュースに関する複数の報道内容を集め、重複する内容を「発信情報」とみなす方法です。

手順	処理
1.	たとえば、同一ニュースに関する5社の「報道内容」があるとき、全部が一致した部分は「発信情報」だとみなす
2.	手順1の「発信情報」だけでは、明らかにニュースとして足りない部分がある場合、重複数を緩和する（たとえば4社の「報道内容」で一致、など）
3.	緩和条件で新たな重複部分があれば、それを加えて「発信情報」を再構成する
4.	緩和する重複条件に、たとえば半数以上の「報道内容」の一致等の制限を設ける

これをフローチャートで表します。

第4章　正解のない問題をプログラミングする

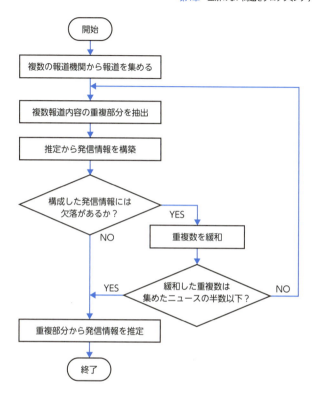

　次に、「推定した発信情報の真偽のレベルを判定する」のアルゴリズムを考えます。実存する機関が真っ赤な嘘は発信しないだろうと言う（甘い？）前提で、推定した「発信情報」の一部に虚偽または隠ぺいが存在する理由を推測します。つまり、**事実を公表することで、不利益を被る人・事・物がある**（＝事実を公表しないことで、利益を得る人・事・物がある）かどうか、を推測するということです。

　その結果、虚偽を公表する理由を推測できなければ、「推定し

た発信内容は事実らしい」と判定し、逆に推測できそうなら「事実と言い切れるか疑問が残る」と判定します。

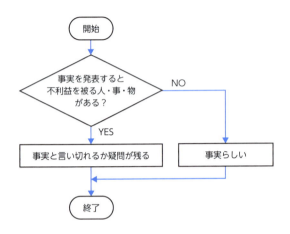

この判定は、言うは易く行うは難しの典型です。そのため、次に考える特ダネに意味があります。

4.2.2 特ダネ

特ダネは「スクープ」とも呼ばれ、特定の報道一社が他社に先んじて入手したニュースです。この例題での普通のニュースとの違いは、情報源の秘匿性、あるいは情報源とされた人や組織が報道内容を肯定しないような場合とします（独占取材のような一社報道は、情報源が明確なのでここでの特ダネから除きます）。

118

第4章　正解のない問題をプログラミングする

　特ダネの場合"抜け駆けして報道した"ので、原理的に報道内容を比較する対象が存在しません。したがって、複数の「報道内容」の重複から「発信情報」を推定できないので、「発信情報」そのものの真偽を判定します。なお、報道機関は一定の社会的責任を取ることを前提に、報道機関での捏造はないものと仮定します。

　ニュースで作成した「推定した発信情報の真偽のレベルを判定する」を特ダネ用に修正しますが、修正にあたっては、特ダネはニュースの「発信情報」を否定する役割を持っている点に注意が必要です。

✍ 問題　4-6

　ニュースでの「事実により、不利益を被る人・事・物がある？」判定がYESの場合、「事実と言い切れるか疑問が残る」に分岐しました。これは事実ではない可能性を意味します。

　特ダネの場合、同じ判定でYESの場合、やはり「事実と言い切れるか疑問が残る」に分岐するべきでしょうか？

解説

　特ダネでは、YESの場合「事実かもしれない」に分岐します。

119

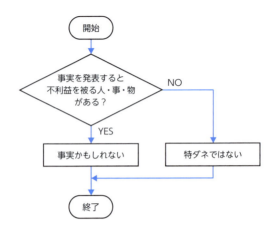

　この段階で「事実らしい」と言うのは難しいので「事実かもしれない」としています。また判定がNOの場合、「特ダネではない」としました。

　特ダネは「事実を公表しないことで、利益を得る人・事・物があるか？」が"ある"ために情報が価値を持つ、逆説的な報道なのです。

　次は「事実かもしれない」の裏づけとして、「公表しないことによる利益」を考え、その説得性を判定します。たとえば、ある自動車誌が新型車の試験走行の写真を極秘で入手した場合を考えます。自動車会社が公表しない利益は、次のようなものです。

- 新型車発表時の顧客・市場へのインパクトを最大化する
- 他社の真似を防ぎ、商品の競争力を維持する

第4章 正解のない問題をプログラミングする

結果、公表することでこれらの効果が減少するという推定が成り立つため、特ダネは一定の事実であると判定します。

これをフローチャートとして表します。

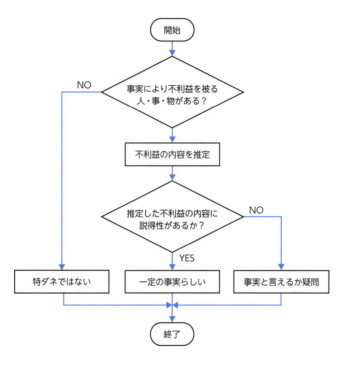

実際問題としては、不利益の内容は想像の産物なので、その真偽を考え始めると特ダネが根拠になると言う自己矛盾を含んでいます。そういう意味で、「ほどほどにそれらしいストーリー」を推定できるのか疑問は残ります。

4.2.3 ネット情報

「火のないところに煙は立たない（＝煙が立つのは火のあるところ）」のたとえは、噂にも一定の事実が含まれるという意味です。ところが、「火のないところに放火した」怪情報が、まったくの虚偽であるフェイクニュースとしてネットを介して拡散し、社会問題化しています。熊本地震の際に、動物園からライオンが逃げ出した、とそれらしい画像まで偽造して拡散されたニュースは、記憶に新しいところです。

特ダネと怪情報は、ある情報を他の情報と直接比較して事実を推定できない点で似ていますが、媒介となる報道機関の介在の有無に大きな違いがあります。つまり情報源＝発信者のため、その気があれば発信者が情報を自由に改変・捏造でき、かつそれを知るのは発信者のみ、ということです。

発信情報

特ダネでは、情報源を秘匿する意味性をキーに発信情報の真偽を判定しましたが、怪情報では「発信情報」と、関連する情報との間の矛盾の有無を、以下の手順で確認することで真偽を判定します。

手順	処理
1.	関連する情報をニュースや特ダネから収集する
	/* 矛盾する情報の有無 */
2.	「発信情報」と収集した関連情報を比較する

第4章 正解のない問題をプログラミングする

　　　㋐ 矛盾する情報がある場合、手順**4**へ進む
　　　㋑ 矛盾する情報がない場合、手順**3**へ進む
　　/*「発信情報」独自の情報の有無*/
3.　関連情報に含まれない「発信情報」独自の情報を判定する
　　　㋐「発信情報」独自の情報がない場合、手順**5**へ進む
　　　㋑「発信情報」独自の情報がある場合、手順**6**へ進む
4.　「怪情報」と判定し、手順**7**へ進む
5.　「一定の事実」と判定し、手順**7**へ進む
6.　「保留」と判定し、手順**7**へ進む
7.　終了

これをフローチャートで表します。

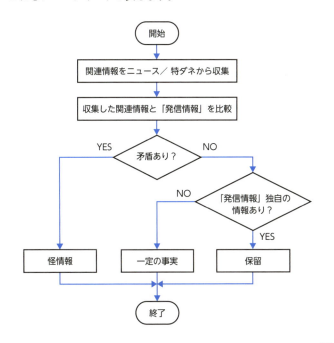

123

☑ 問題 4-7

「保留」のときに「終了」に進んでいます。保留は本来終了すべきではないため、終了の代わりに、どこに進むのが適当でしょうか？

解説

「保留」から「周辺情報をニュース・特ダネから収集」の前に戻り、一定の事実か怪情報か判定できるまで処理を繰り返す方法が考えられます。怪情報を判定する必要がなくなった（たとえば、どうでもよくなった）ときには、繰り返しを抜ける処理が必要です。

難しいのは、「保留」に該当する独自の情報があるからこそ情報の存在意義があることです。それを踏まえ、独自に存在するネット情報の正しさの可能性も認識したうえで、手放しで受け取らない心構えが必要かも知れません。

SNSでは、偽情報が拡散されている内に「目撃情報や裏づけ情報」が追加され、いつの間にかもっともらしい事実として伝達されていく事例が報告されています。また、急を要するような情報の場合、真偽を確認する前に善意から"とにかく"拡散される場合もあり、怪情報を見抜くのは難しいと言えます。

4.2.4 情報の扱い方

ここまで、ニュース、特ダネ、ネット情報の、それぞれの真偽の判定を個別に考えて来ました。これらすべてをひとまず「入手した情報」として扱い、3つの真偽の判定を組み込んだ1つの処理にまとめてみます。

問題 4-8

次のような、1つにまとめたフローチャートを作りました。

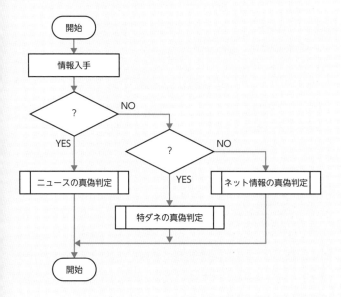

図中に2ヵ所の分岐があり、条件が「?」になっています。中に当てはまる、適当な分岐条件は何でしょうか?

解説

上からそれぞれ、「情報源は明確?」「報道機関による報道?」です。次に、これらを記入したフローチャートを示します。

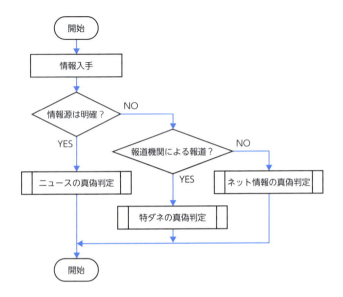

　この節のはじめに行った情報の整理を参照して、このフローチャートと定義済み処理で表された3つの真偽判定処理のつながりを確認してみてください。

　推論に関連する話題の1つとして、最近よく耳にするビッグデータという言葉があります。さまざまな目的で収集された一見関連性のない多種多様な膨大なデータを、何かの主題に沿った推論に使用するときに指す言葉です。人間では絶対に処理できない量のデータの中から、特定の行動特性、嗜好、消費の傾向などを探し出し、新商品開発や各種のサービス、将来動向などの推定に使われています。

第4章　正解のない問題をプログラミングする

4.3　プロセスをプログラミングする
—— ディベートとディスカッション

　議論は、議論自体の進め方と思考の進め方がセットになって成立しています。このようなプロセスを処理するプログラムは、ある種の対話型コンピュータシステムについて考えるのと似ています。また、ディベートとディスカッションの2つの例から、両方とも議論という同じカテゴリにありながら、目的が異なるとプログラム的な表現が大幅に異なるのを見ていきます。

　ディベートとディスカッションの根本的な違いは、決着をつけるかどうかです。ディベートはある主題（テーマ）について賛成と反対に分かれ、勝ち負けを決める論戦です。これに対しディスカッションは、合意に至るのも物別れになるのもどちらも認められるため、結末に決まりはありません。

4.3.1　ディベートの進め方

　ディベートはある主題に対し、賛成と反対に分かれ結論を選択するプロセスです。主題は良し悪しに関する一義的な結論のない増税や原発稼働などで、議論は審判の前で行われ、審判が最後に二者択一の選択をします。

　ディベートの主張は、通常複数の論拠から成り立ち、証拠となる根拠がそれらの論拠を支えます。以下がディベートの構成です。

127

ディベートの構成

主題

賛成派	否定派
主張（賛成）	主張（否定）
論拠1 / 論拠2 / 論拠3	論拠1 / 論拠2 / 論拠3
根拠1 / 論拠2 / 論拠3	根拠1 / 論拠2 / 論拠3

審判（聴衆）

Column 機械学習

　合理性のある意見を考えるには、意見の正しさを認識する必要があります。コンピュータに意見を考えさせるときも、同じように正しさを認識する方法を学習させる必要があるのです。これが機械学習と呼ばれるものです。さて、無常識（？）なコンピュータにとって、正しさの学習とはなんでしょうか？

　少々乱暴な説明ですが、概念的なコンピュータの思考とは、「入力 × 最適解を出す定数 ＝ 結果」を計算することです。そして学習により、期待される結果と、コンピュータの計算結果の誤差が最小となる「最適解を出す定数」を反復的な計算から求めます。非常に多くの「入力と結果」の組み合わせを経験値として与えることで、この「最適解を出す定数」を導くのです。

第4章　正解のない問題をプログラミングする

　主題の性質上、賛否どちらかが100%正しい主張ということはあり得ません。そのため、相手の主張の整合性を崩すことが目的となります。相手の論拠の欠点・弱点・矛盾・根拠の欠落を露呈させつつ、自分の側のそれを防いだほうが勝ちです。

　ディベートの進め方は、根本的に対戦型ゲームと同じです。勝負としての公平性を保つため、双方1回の主張と質問、数回の反論が均等に与えられます。以下は、一般的なディベートの手順です。

手順	処理
1.	開始
2.	自分の主張を説明
3.	相手が主張を説明
4.	自分が質問し相手が回答
5.	相手が質問し自分が回答
6.	自分が反論し相手が再反論（反論に対する反論）
7.	相手が反論し自分が再反論（反論に対する反論）
8.	規定の反論回数が終了したか？
	㋐YESの場合、手順**9**に進む
	㋑NOの場合、手順**6**に戻る
9.	審判の判定
	㋐自分が勝ちの場合、手順**10**に進む
	㋑相手が勝ちの場合、手順**11**に進む
10.	自分の勝ち
11.	相手の勝ち
12.	終了

　これをフローチャートで表します。

129

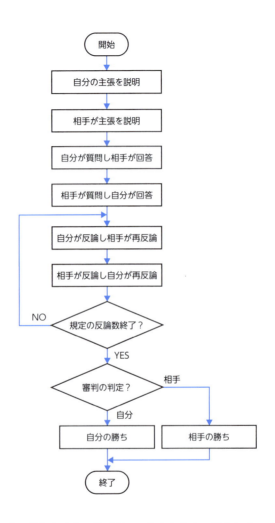

　交互に手を出すという感じで、わかりやすい流れになっています。それでは次に、この中の反論の処理について考えてみます。

4.3.2 反論を考える

ここでは「高速道路の無料化」という主題を例に、相手の主張に対する反論を作るアルゴリズムを考えます。

まず、賛成（自分）と反対（相手）の主張と論拠です。

高速道路の無料化

	主張	論拠
自分	無料化に賛成	1. 人の移動が活発になり経済効果がある 2. 家計の負担が楽になる
相手	無料化に反対	1. 新たな高速道路を建設する財源が減る 2. 渋滞が悪化し低速道路になる

相手の論拠1を例に、下記4項目の反論を考えました。各反論の下の丸括弧内の記述は、その反論が期待する効果です。

反論1：これ以上の高速道路の建設が必要なのか？
（必要性の根拠が不正確なら、論拠が崩れる）

反論2：なぜ、高速道路だけ有料で一般道は無料なのか？
（区別する根拠が薄弱なら、論拠が崩れる）

反論3：具体的にどれだけの金額が減るのか？
（道路関連全体での比率が小さければ、論拠が弱まる）

反論4：減った額で建設できない高速道路の距離は何kmなのか？
（影響が大した距離でなければ、論拠が弱まる）

これらの反論は、次の過程を通して考えました。

過程１： 論拠に対し否定が可能な言葉を探す

論拠1の場合は、

　　　新たな高速道路を建設する財源が減る

を単語に分解し、それぞれの語を否定できるか調べます。

論拠を否定できる言葉の存在は、それを反論のキーワードに使える可能性を意味します。

過程２：否定語を疑問文に置き換える

「新たな」を例に、「今ある高速道路では足りないのか？」を問う疑問文を作ります。

言い換えると、「新たな」を否定した状態の「今ある」が、問題あるのか？を問うことです。たとえば「今ある高速道路で足りないのか？」という疑問文が出てきます。

過程３：仮説を作る

次は、疑問文の「今ある高速道路で足りないのか？」から、「根拠であるべき交通需要予測が不十分なら、建設を進める根拠がなくなり論拠が崩れる」と仮説を立てます。これは、冒頭の反論1で示した効果（必要性の根拠が不正確なら、論拠が崩れる）を導く作業です。

第4章　正解のない問題をプログラミングする

過程４：仮説をベースに反論を作る

過程3の仮説から、次のような反論を考えます。

「新たな高速道路建設の必要性があるとの主張だが、20XX年の交通需要予測WWWは、現状の輸送量VVVで賄える試算が出ている。したがって、新たな建設の必要性はなく、料金を無料化できる。」

過程５：反論を支持する根拠の調査

反論で用いた、「20XX年」「交通需要予測WWW」「現状の輸送量VVV」などの具体値を調査します。調査した結果、データが見つからない場合もあるかもしれません。

過程６：反論の検証

過程5の調査結果を反映した仮説が、意味のある反論になるかを検証します。ならない場合、その反論は不採用とします。

各論拠に対し、考えつく反論がなくなるまでこの過程を繰り返せば、反論づくりは終了です。

最後に、すべての反論の説明を持ち時間以内で終了できるように、編集します。

☑ 問題　4-9

この「反論を考える」をフローチャートで表現すると、どのような処理の流れになるでしょうか？

133

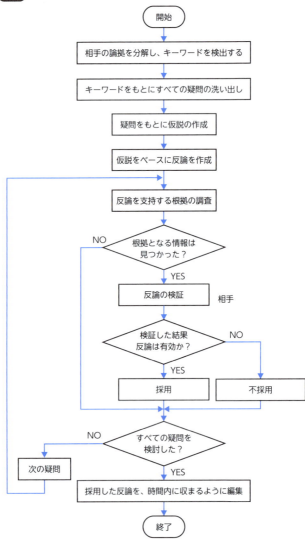

第4章 正解のない問題をプログラミングする

📝 問題 4-10

「根拠となる情報は見つかった？」の判断でNO判定の分岐先は修正が必要です。どこに分岐するのが正しいでしょうか？

解説

「不採用」へ分岐するべきです。

反論案は、採用か不採用のいずれかに択一的に振り分けられるべきで、根拠が無ければ反論にならないので不採用です。

ここまで整理した内容をそのままプログラミングできるわけではありませんが、考え方の順を追って部品のように分解していくのは、プロセス的な内容のプログラムのイメージに近づく方法です。

4.3.3 ディスカッションの進め方

いわゆる討論であるディスカッションは、基本的に自分の意見を述べる場で、ディベートのような二者択一で議論を進めません。

ディスカッションの主題は、地球温暖化を食い止めるのにどうすればよいか、のような「どうするべきか？」を尋ねます。次の図は、ディベートとの対比として、ディスカッションの構成を示したものです。

ディスカッションはディベートのようなゲーム的要素や公平性がないので、プロセスをプログラミングするには、モデルとルールを決める必要があります。そこで、参加者から独立した司会者を置き、参加者と司会者は以下の行動ルールに従うことにします。

135

ディスカッションの構成

参加者の行動ルール

- 発言を希望するときは挙手する
- 司会者から発言の許可を受けたら手を下ろし、発言する
- 発言を希望する間は、自分に発言の許可が回ってくるまで、挙手を続ける。
- 待っている間に発言が不要になったら、手を下ろす。

司会者の行動ルール

- 参加者に発言機会を公平に与えるため、発言を許可した数をメモするノート(発言許可数ノート)を用意する
- ディスカッション開始時に、発言許可数ノートの全参加者の発言許可数をゼロにリセットする
- 挙手している参加者を常時確認する
- 挙手者がいる場合、1名ならその参加者に、複数名なら過去の発言許可数をもとに公平になるように、発言を許可する参加者

を選ぶ
- 選んだ参加者の発言許可数を更新する
- 選んだ参加者に発言を許可する
- 発言が終了したら、他の挙手者がいるか確認する
- 挙手者がいない場合、念のため発言希望者がいないか確認する
- 確認して希望者がいればディスカッションを続行し、いなければ終了する

それぞれの行動をフローチャートで表します。上記のルールが、どのように表現されているかを見てください。

参加者の行動フローチャート

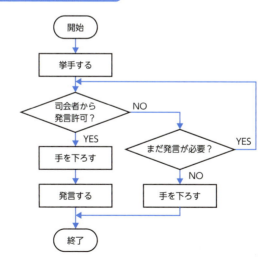

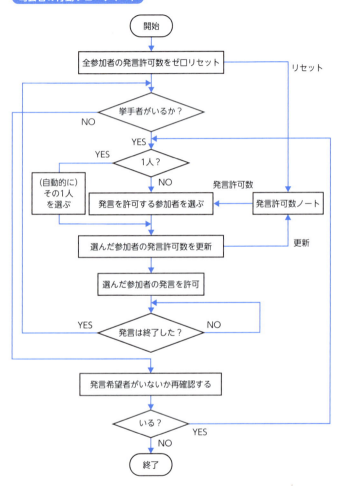

第4章　正解のない問題をプログラミングする

📝 問題 **4-11**

参加者と司会者の2つの行動フローチャートを作りましたが、参加者の行動フローチャートの「開始」と「終了」は、司会者の行動フローチャートのどの処理とつながっているでしょうか？

解説

司会者の「選んだ参加者の発言を許可」処理は参加者の「開始」に、参加者の「終了」は司会者の「発言は終了したか？」判断につながっています。

4.3.4　意見の擦り合わせ

ディスカッションの特徴である、意見の擦り合わせのアルゴリズムを考えます。意見の擦り合わせとは、自分と相手の主張の相違点を最小化し、同意点を最大化させることと定義します。

相違点の最小化は、以下の2段階で行うことにします。

1. 自分の意見を修正して、相手に合わせる
2. 相手を説得して、自分の意見に合わせさせる

自分の意見は自分の判断で変更できるので、まずは自分の意見を相手に合わせる可能性を検討するのが合理的です（現実には、ほとんどの場合最後の手段です）。それが不可能と判定した場合は、次に相手を説得できる可能性を検討します。説得が可能と判定した場合、説得の論拠を作り説得します。相手を説得できる可能性もありますが、反論か逆提案が出る可能性のほうが高いでしょう。その場合は、反論や逆提案を踏まえて自分の意見の修正

139

が可能か、再度検討を行います。

　以上の過程を、フローチャートで表現します。

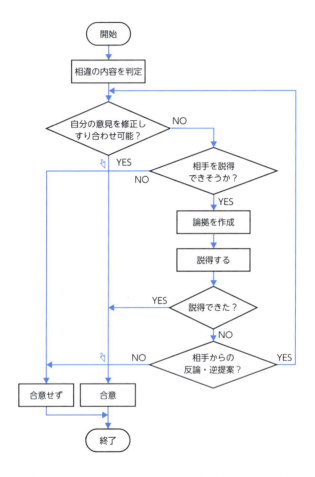

　なお、上のフローチャートの中で線が交差している箇所が2つありますが（☝で示しています）、ここは立体交差でまたいでいて

第4章　正解のない問題をプログラミングする

線同士は接していないと見ます。極力このような交差を減らすの
が、良いフローチャートの描き方です。

☑ 問題 4-12

「相手からの反論・逆提案？」でNO判定のとき、「合意せず」
に分岐しています。どのような状況が想定できるでしょうか？

解説

　相手が"だんまり"を決め込み、議論を中止した状況を想定し
ています。賛成も反対もしない態度を、合意拒否として「合意せ
ず」に進みます。

　ところで、意見の相違点は1つとは限りません。相違点が複数
ある場合、それらを一覧表にして1つずつ検討する手順に変えた
いと思います。そのためには、以下の処理を追加する必要があり
ます。

- 相違点一覧表の作成
- 相違点一覧表の更新
- 相違点を読み出す

☑ 問題 4-13

　これらの処理を、元のフローチャートのどこへ、どのように追
加すればよいでしょうか？

141

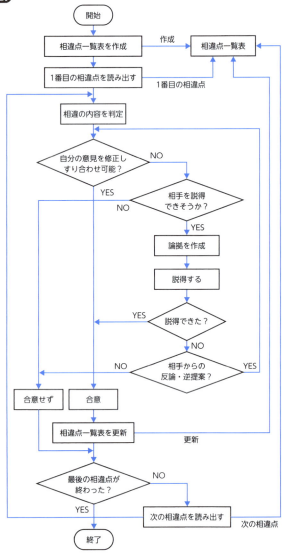

第4章　正解のない問題をプログラミングする

「開始」の直後に相違点一覧表を作り、そこから1番目の相違点を読み出します、「合意」のあとに相違点一覧表を更新し、まだ検討する相違点が残っていれば次の相違点を一覧表から読み出し、最後の相違点についての検討が終われば「終了」に進みます。

本当は、検討中の相違点が何番目か最後かどうかといった管理が必要ですが、今回は処理の意図がわかればOKなので省略しています。

✒ 問題 **4-14**

フローチャート中の「相違点一覧表を更新」は、どのような処理をしていると考えられますか？

解説

合意した相違点を一覧表から除く処理、です。

「合意せず」の場合、一覧表の更新を行わないので、合意しなかった事項は相違点一覧表にそのまま残ります。

このように同じ"議論"でありながら、ディベートとディスカッションでは、議論の制御構造も意見の導き方もまったく異なるアプローチであることを、フローチャートを通して見ることができます。

第 **5** 章

プログラミングに適した
アルゴリズムを考える

頭の体操と呼ばれる種類のパズルは、論理的な解決方法が用意されていて、基本的にプログラムにできます。しかし、解き方の説明をそのままプログラミングできるかというと、必ずしもそうとは限りません。やはり「解き方」を「コンピュータにわかるような指示」として与えなければなりません。そのための処理手順を考える必要があります。

この章では、問題の解き方が与えられているときに、それをプログラミングに適した処理手順（アルゴリズム）にまとめ直す方法について見ていきます。

5.1 文章からアルゴリズムを考える
—— 囚人のジレンマ

ここで紹介したいのは「囚人のジレンマ」というクイズです。

あるとき、2人組の銀行強盗が逮捕されました。今、その2人は収監されて、囚人Aと囚人Bとして取り調べを受けています。囚人A、Bの両人は、2人とも自白したときは懲役10年の罪になり、2人とも自白しないときは両方とも無罪として釈放されることを知っています。

2人の取り調べは別の部屋で行われていて、互いに相棒の供述はわかりません。どちらも口を割らないので、取調官は2人の囚人に対し、次の取引をもちかけました。

「相棒が黙秘しているときに、捜査に協力して犯行を自白すれば5年の刑に軽くするが、黙秘しているほうは20年の刑に重くする」

囚人A、Bともに、相手が自白する可能性は正確に50%だと考

第5章 プログラミングに適したアルゴリズムを考える

えていて、いつ自白してもおかしくないと思っていますが、いつ自白するかは予測できないものとします。

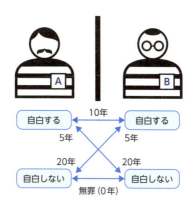

問題 5-1

さて、自分が囚人Ａだったらどうしますか？

ヒント　次の表を埋めて、考えてみてください。

	Ａ (自分) 自白しない	Ａ (自分) 自白する
Ｂ　自白しない		
Ｂ　自白する		

解説

一刻も早く「自白する」のが得策です。

囚人Ａの立場で表を埋めると、次のようになります。

147

	A（自分） 自白しない	A（自分） 自白する
B　自白しない	無罪	5年の刑
B　自白する	20年の刑	10年の刑

次の問題で、この表をどう使ったかを尋ねます。

✍ 問題　5-2

何を比較して、自白するのが妥当な判断としたのでしょうか？

解説

自分（囚人A）が自白したときと、しないときのそれぞれについて刑期の期待値を求め、短いほう選びました。

自分（囚人A）が自白しない場合

- 囚人Bが自白しなければ自分は無罪になり、囚人Bが自白すると20年の刑期。
- 囚人Bの自白する・しない確率がそれぞれ50%だと、自分（囚人A）の刑期の期待値は10年（＝ $0 \times 50\% + 20 \times 50\%$）。

自分（囚人A）が自白する場合

- 同じように考えて、自分（囚人A）の刑期の期待値は7.5年（＝ $5 \times 50\% + 10 \times 50\%$）。

期待値の小さいほうが刑期は短いので、自白するほうが有利だという結論になります。

第5章 プログラミングに適したアルゴリズムを考える

📝 問題 5-3

この問題を解くアルゴリズムは、どうなっているでしょうか?

解説

自分が自白しないという選択を「戦略#1」、自分が自白するという選択を「戦略#2」と呼ぶことにします。

/* 戦略ごとの期待値の計算 */

戦略 #1:自白しない

　　Bが自白しないときの刑期の期待値は0
　　Bが自白するときの刑期の期待値は10(=20×0.5)
　　期待値#1 = 10(=0+10)

戦略 #2:自白する

　　Bが自白しないときの刑期の期待値は2.5(=5×0.5)
　　Bが自白するときの刑期の期待値は5(=10×0.5)
　　期待値#2 = 7.5(=2.5+5)

/* 戦略の選択 */

　　期待値#1と#2を比較し、期待値の小さい戦略#2を選択する

/* 結果の実施 */

　　選択した戦略を実行し、自白する

このように、選択可能な戦略を定義し、戦略ごとの期待値(この場合は刑期の長さ)を計算し、期待値を比較して望ましい期待値を持つ戦略を選択するアルゴリズムを作りました。

149

☑ 問題 5-4

　囚人Bの自白する確率が20%の場合も、自白するほうがよいでしょうか？　刑期と自白する確率を一般化したアルゴリズムを作って、考えてみてください。

解説

　この場合は「自白しない」ほうが良い選択です。

　刑期と自白する確率を一般化するため、刑期をt、囚人Bの自白する確率をp、自白しない確率を $(1 - p)$ で表すことにします。

/* 戦略ごとの期待値の計算 */

戦略 #1：自白しない

　　Bが自白しないときの刑期の期待値k1（＝t1*$(1-p)$）を求める
　　Bが自白するときの刑期の期待値k2（＝t2*p）を求める

　　期待値#1　　K#1＝k1＋k2

戦略 #2：自白する

　　Bが自白しないときの刑期の期待値k3（＝t3*$(1-p)$）を求める
　　Bが自白するときの刑期の期待値k4（＝t4*p）を求める

　　期待値#2　　K#2＝k3＋k4

/* 戦略の選択 */

　　K#1とK#2を比較し、

　　　　もしK#1が小さければ戦略#1を選択

　　　　そうでなければ、戦略#2を選択

/* 結果の表示 */

　　選択した戦略を出力

　このアルゴリズムで計算するとわかりますが、

自分が自白しない場合の刑期の期待値K#1 ＝ 4年

自分が自白する場合の刑期の期待値K#2 ＝ 6年

になります。

このときk1からk4はそれぞれ、k1 = 0、k2 = 4、k3 = 4、k4 = 2 です。

5.2 図解からアルゴリズムを考える
—— 川渡りの問題

今度は、パズルの解法が図で示されているときに、図からアルゴリズムを作ります。問題は次のようなものです。

📝 問題 5-5

親（大人）1人、子供2人の家族が、小さなボートで川を渡ろうとしています。

かなり小さいボートなので、一度に乗れるのは大人1人だけか子供2人までです。大人と子供は一緒に乗ることができません。

2人の子供を含め全員がボートを漕げるとして、どうすれば家族全員が向こう岸に渡れるでしょうか？

解説

次の順序で、全員が向こう岸へ渡れます。

1. 子供2人が渡る
2. 子供のうち1人だけが戻る
3. 戻ったボートに大人が乗って渡る
4. 居残りだった子供1人が戻る
5. 子供2人が渡る

　この問題は「幅優先探索」と呼ばれる探索法で解くことができますが、ここでは実際にどのような順序で移動の組み合わせを見つけるのかを図で説明します。

　まず、大人、子供、ボートの組み合わせが取り得る状態を確認しましょう。大人、子供、ボートのそれぞれについて、川のこちら岸か向こう岸かの組み合わせがあるので、それを図にします。

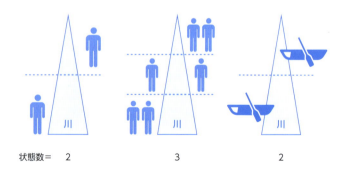

第5章　プログラミングに適したアルゴリズムを考える

　この図から、全部で12（＝2×3×2）の状態があり得ることが
わかります。次に各状態を定義します。12の状態を状態0から11
として書き出したのが下の図です。状態図中の大きな●が大人、
小さな●が子供、■がボートです。

状態図

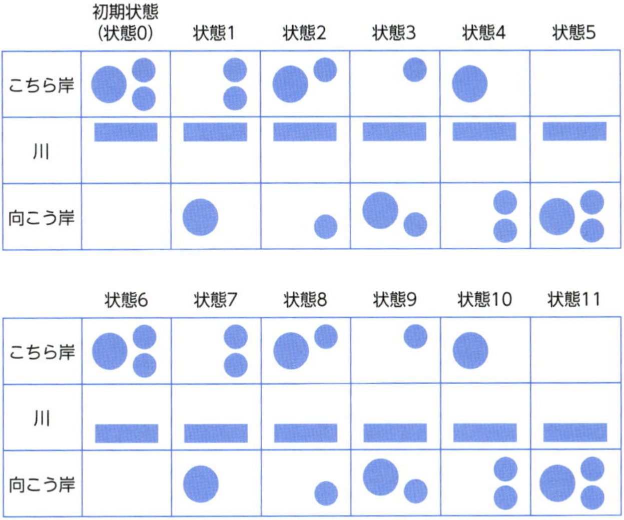

	初期状態 （状態0）	状態1	状態2	状態3	状態4	状態5
こちら岸	●● ●	● ●	●●	● ●	●	
川	■■■	■■	■■	■■	■■	■■
向こう岸		●	●	●	●●	● ●

	状態6	状態7	状態8	状態9	状態10	状態11
こちら岸	●● ●	● ●	●●	● ●	●	
川	■■■	■■	■■	■■	■■	■■
向こう岸		●	●	● ●	●●	● ●●

　この図に割り当てた状態番号を使い、人の移動とそれに伴う
状態遷移を次の図に示します。図の中で×印が付いている遷移は、
過去の状態に戻ってしまい、それ以上意味のある状態に移ること
ができない（つまり、堂々巡りの状況）という意味です。

状態遷移図

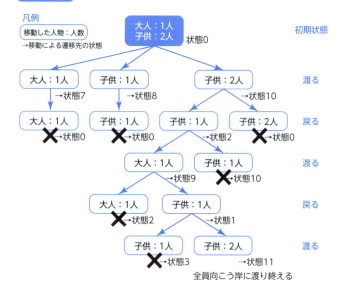

　このようにして、与えられた条件を満足する分岐を順次探索していきます。状態遷移図と状態図の両方を見比べると、どういう順番で状態が移っていくのかよくわかるでしょう。

　同時に、探索で使われなかった状態があることもわかります。使われなかった理由は、組み合わせとしては存在しても、制約条件から実際には起こらない状態だったということです。

問題 5-6

　この問題を解くアルゴリズムは、どのようになっているでしょうか？

第5章　プログラミングに適したアルゴリズムを考える

　　　初期状態（状態0）を記憶する
/* 可能な状態遷移の探索 */
　　　制約条件下で移れる次の状態を探索
　　　出力（状態7、状態8、状態10）
/* (状態7、状態8、状態10) から可能な状態遷移の探索 */
　　　制約条件下で移れる次の状態を探索
　　　　　状態7の場合、状態0へ遷移可能だがNG
　　　　　状態8の場合、状態0へ遷移可能だがNG
　　　　　状態10の場合、状態2へ遷移可能でOK
　　　　　　　状態0へ遷移可能だがNG
　　　　　次に遷移できる状態（状態2）がある、状態10を記憶
/* (状態2) から可能な状態遷移の探索 */
　　　制約条件下で移れる次の状態を探索
　　　　　状態9へ遷移可能でOK
　　　　　状態10へ遷移可能だがNG
　　　　　次に遷移できる状態（状態9）がある、状態2を記憶
/* (状態9) から可能な状態遷移の探索 */
　　　制約条件下で移れる次の状態を探索
　　　　　状態1へ遷移可能でOK
　　　　　状態2へ遷移可能だがNG
　　　　　次に遷移できる状態（状態1）があるので、状態9を記憶
/* (状態1) から可能な状態遷移の探索 */
　　　制約条件下で移れる次の状態を探索
　　　　　状態11へ遷移し、探索終了
　　　　　次の遷移状態（状態11）があるので、状態1を記憶
　　　　　探索が終了したので、状態11を記憶
/* 状態遷移の作成 */
　　　記憶した状態と実行した遷移を時系列に書き出す

書き出す結果は次のようになる：
状態0→状態10→状態2→状態9→状態1→状態11

この様子を、状態図の時間経過に沿って表します。

時間経過→

	状態0	状態10	状態2	状態9	状態1	状態11
こちら岸						
川						
向こう岸						

　書き出した説明を眺めていると気がつきますが、「次の状態へ遷移できたら、その1つ前の状態を記憶する」という処理を繰り返し行っています。そして最後に、次の処理を行って一連の移動を完成させています。

- 探索終了の状態に到達したら（つまり全員渡り終わったら）、
- 最後に、それを記憶した状態の列につなぎ合わせる

　この説明ではわかりづらかったかもしれませんが、ここで見つけた処理の規則がすなわちアルゴリズムです。プログラミングするには、試行錯誤の結果としての答えではなく、このようにアルゴリズムを見つけ出す必要があります。

第5章 プログラミングに適したアルゴリズムを考える

📝 問題 5-7

この問題で使った探索方法を、一般化したアルゴリズムとして表現すると、どうなるでしょうか？

解説

概念的には、次のようなアルゴリズムになります。

/* 状態定義 */
　取り得る状態を定義
/* 探索開始 */
　初期状態から開始
　次に遷移可能な隣接する状態を、探索対象としてキュー[1]に入れる
/* 状態の検査 */
　キューから状態を1個取り出し
　　探索対象か[2]判定する
　　　探索対象の場合、探索成功で終了
　　　記憶した状態を初期状態から時系列に出力する
　　探索条件に違反しないか[3]判定する
　　　違反しない場合、
　　　　キューから取り出した状態を記憶し
　　　　次に遷移可能な状態をキューに入れる
　　　違反する場合
　　　　ループ処理に進む
/* ループ処理 */
　キュー内に残りの状態があれば状態の検査の最初に戻り、同じ処理を実施
　キュー内に残りの状態がなければ探索不能で終了

157

※1 キュー(queue)は「待ち行列」とも呼ばれ、データを出し入れする一時保管場所で、先に入ったデータから先に取り出して利用されます。
※2 「探索対象か」とは、最終的に探索している対象(川渡りの問題なら全員渡り切った状態)かどうかを判定するという意味です。
※3 「探索状態に違反しないか」は、元々の「すでに検査した状態には戻らない、という条件に違反しないか」に読み替えると、意図が伝わると思います。

イメージ的には次のような処理を繰り返していますが、想像できそうでしょうか? この図は例題の最初の部分に相当します。

川渡りアルゴリズムの冒頭部分のイメージ

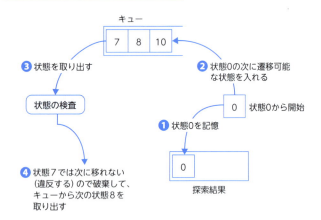

第5章 プログラミングに適したアルゴリズムを考える

5.3 数理問題のアルゴリズムを考える
─正三角形を描く

　小学校の算数で、図形を描く授業がありました。多分その中で習ったはずの、正三角形の描き方を覚えているでしょうか。

　描き方はいくつかありますが、ここでは正三角形に外接する円を描き、その円周上に置いた3点を結ぶ方法を使います。手順は次のとおりです。

手順	処理
1.	円を描く
2.	円の中心から、円周に向かって補助線を1本引く
3.	最初の補助線と120度で交わる2番目の補助線を、円の中心から円周に向かって引く
4.	2番目の補助線と120度で交わる3番目の補助線を、円の中心から円周に向かって引く
5.	補助線と円周の交点3か所を、3本の直線でつなぐ

　上記の手順1から4で正三角形の3点を決め、手順5で正三角形の3本の辺を引きます。

問題 5-8

正三角形の3点を決めるプログラム用のフローチャートを作りました。2か所の（ ）に入る数字を入れてください。

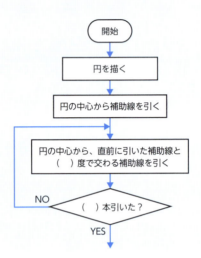

解説

上から順番に「120度」と「3本」が正解です。

手順3と4で、120度の角度で補助線を引いています。必要な補助線3本が引けたことを確認し、引けていなければ繰り返し処理として続けて補助線を引きます。

第5章 プログラミングに適したアルゴリズムを考える

問題 5-9

問題5-8のフローチャートの分岐「(3)本引いた?」でYESへ抜けたときは、どのような図が描けているでしょうか?

解説

次のような図になります。

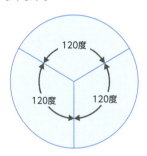

分岐でYESを抜けるのは、3本の補助線を引き終わったときです。

次に、手順5の3辺を描くフローチャートを作成しました。

問題 5-10

終了の前にある、「3本引いた?」の判定で、NOと判定される回数は何回でしょうか?

解説

1回です。

3本の線を引き終わるまでの処理は、下の図中の矢印のように流れます。矢印の横の○本目が、該当する処理タイミングで何本目の辺を引いたのかを示しています。

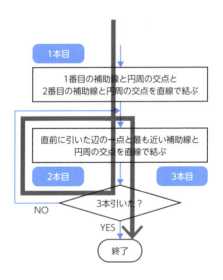

最後に、補助線と辺を引くフローチャートを連結して、正三角形を描くフローチャートを完成させます。

第5章 プログラミングに適したアルゴリズムを考える

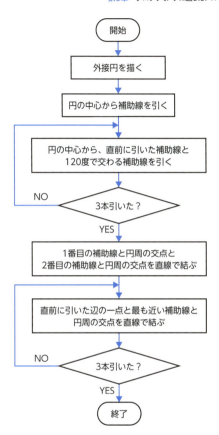

📝 問題 5-11

プログラミングするには足りない情報があります。それは何でしょうか?

解説

実は、いろいろと情報が不足しています。

- **外接円の半径の指定がない** ➡ 画面から入力する、プログラム内の固定値とする、など
- **最初に引く補助線の方向と長さの指定がない** ➡ 中心から真上に半径と同じ長さの線を引く、など
- **第2の辺以降を書くとき、単に「最も近い隣接点」では、すでに辺を引いた逆の端点も含まれる** ➡ 頂点に番号を振り番号順に結ぶ、右回りとする、など

プログラミングのときには、これらの情報を指定する手段を追加する必要があります。「そんな細かいことまで…」と言われそうですが、これらの条件がないとコンピュータはこの方法で正三角形を描くことはできません。

📝 問題 5-12

ところで、実際のプログラミングでは、正N角形の書き方のアルゴリズムをもとにプログラムを作り、実行時にNの値として3を入力する方法が一般的です。

正三角形のフローチャートを、どのように修正するとよいでしょうか？

解説

修正する部分は、補助線間の角度、補助線の数、辺の数です。次の図は、修正後のフローチャートです。図の右側に ⬅●● の形式で、変更点を記載しています。

第5章 プログラミングに適したアルゴリズムを考える

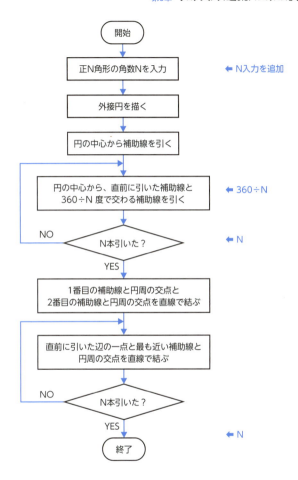

　もしもNに3を入力するのが面倒ということならば、追加した「角数Nを入力」の代わりに単に「N=3」とすれば正三角形描画プログラムになります。

　ある意味当然ですが、算数の問題の解き方はこのようにプログ

ラムとして表現できます。

5.4 視点を変えてアルゴリズムを置き換える

　問題を解くアルゴリズムは、1つの問題に1つしかないわけでは
ありません。実現方法の視点を変えることによって、まったく異
なる方法を用いることもできます。この節では2つの例題を通し
て、アルゴリズムの置き換えとはどういうことかについて説明し
ます。

5.4.1 時間で決める処理への置き換え

　3.2.1項ではカレーライスの作り方をプログラミングする手順を
考えましたが、その中に、次のような調理方法の手順があったの
を覚えていますか?

- 玉ねぎがしんなりするまで炒める
- 野菜が柔らかくなるまで煮込む (沸騰後約15分)

　これらの1文の表現の中には、ある作業の続行とその終了を判
定する条件が含まれています。

☑ 問題 5-13

　「玉ねぎがしんなりするまで炒める」を、作業と終了条件に分
けて書き直すと、どうなるでしょうか?

解説

　次のように分けられます。

第5章 プログラミングに適したアルゴリズムを考える

- **作業**　　　玉ねぎを炒める
- **終了条件**　しんなりしたら、炒めるのを終了する

プログラムとして考えると、次のようになります。

手順	処理
1.	ある処理を継続的に実行し
2.	終了条件となったら
3.	その処理を終了する（もしくは、次の処理に移る）

「しんなりとしたら、炒め終わり」は、誰でも素直に理解できる表現です。しかし、こう指示されて、ロボットはどうやって終了を判定すればよいのでしょうか？

普通に考えると、炒めている間、玉ねぎを見ていて、焼き色が変わったら終わりを判断する、となりそうです。たとえば炒めている様子を10秒ごとに写真に撮り、その写真を時間順にパラパラとめくるのを想像してみてください。写真を順々に見て、特定の2枚の写真の間の変化で、「炒め中」が「炒め終わり」に変わったことを判断するわけです。次の図のようなイメージです。

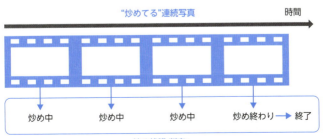

実際に10秒間隔の写真の違いから「終わり」を判定するのは、難しそうだと思いませんか？ 写真の間隔を1分とか2分に延長すれば、画像間の違いがわかりやすくなり判定できそうですが、今度はやりすぎて焦がすかもしれません。

✍ 問題 **5-14**

　「炒め終わり」を“時系列の状態変化で判定しない方法”にしたいと思います。どうすればよいでしょうか？

解説

　経過した時間で、作業の終了を判定する方法が適当です。

　玉ねぎの例でその意味を説明すると、

　　（作業）　玉ねぎを炒める
　　（条件）　玉ねぎがしんなりしたら、終了する

であれば、

　　（作業）　玉ねぎを炒める
　　（条件）　10分炒めたら、終了する

に置き換えるということになります。

　すなわち、実際の調理の状態の変化は見ないで時間で切る、という考え方です。

　プログラムでは、玉ねぎの炒めを開始したら時間を計り始め、10分が経過したら無条件で玉ねぎの炒め作業を終了します。ただし、玉ねぎの量と調理時間の関係について、あらかじめ知っておく必要があります。

　この置き換えは、玉ねぎの状態による終了判定が不可能という

第5章　プログラミングに適したアルゴリズムを考える

意味ではなく、現実的な観点からは時間判定のほうが適当だろう、という意味です。妥協を許さないスーパーシェフ・ロボットのプログラムなら、たとえば炒めている最中の画像を毎秒撮影し、その中の玉ねぎを検出して焦げ色の色調を検査し、その平均濃度がある度数を超えたら"しんなり"したと判定するといった、なんらかの方法を考えることはできると思います。

　ここでのポイントは、目的に対してどこまで手の込んだ仕掛けを作る意味があるのかを考えたうえで、処理方法を効果に見合った適切なアルゴリズムに置き換えることがあるということです。プログラミングする対象を、手間や費用も含めた現実性の観点から捉え直すことは、多かれ少なかれ行われています。

5.4.2　表に従って決める処理への置き換え

　3.2.2項のジャンケンプログラムの勝敗判定では、条件分岐を使いましたが、視点を変えて、勝敗判定表を使った処理を考えてみましょう。

　リアルなジャンケンを想像すると、自分の手と相手の手の組み合わせを見て、一発で勝ち負けを判定します。言い方を変えると、手の組み合わせとその結果を覚えていて、その覚えている結果を頭の中から引き出して使っていると言えそうです。

　これをプログラミングするには、自分の手と相手の手の組み合わせと、そのときの勝敗結果を一覧表にして、その表に従って勝敗を決める方法を思いつきます。

169

☑ 問題 5-15

　1対1ジャンケンの勝敗判定表を作ろうと思います。どのような表になるでしょうか？

解説

　自分の手、相手の手、そのときの勝負の結果、からなる表になります。なお、表を見やすくするために番号を振っていますが、表の内容としては不要です。

	自分の手	相手の手	結果
1	グー	グー	あいこ
2	グー	チョキ	自分の勝ち
3	グー	パー	自分の負け
4	チョキ	グー	自分の負け
5	チョキ	チョキ	あいこ
6	チョキ	パー	自分の負け
7	パー	グー	自分の負け
8	パー	チョキ	自分の負け
9	パー	パー	あいこ

　プログラムでは、「自分の手」と「相手の手」の組み合わせが一致する行を探して、その行に書かれている結果を持ってくる、という風に使います。

第5章　プログラミングに適したアルゴリズムを考える

📝 問題　5-16

3.2.2項のジャンケンの勝敗判定は、以下の処理でした。

手順	処理

5.　　勝敗を判定する

　　　/*あいこ判定*/

　　　　　🄶自分の手と相手の手が同じならば、あいこ

　　　/*自分の勝ち判定*/

　　　　　🄷自分はグー　　　　かつ　相手はチョキ　または

　　　　　🄸自分はチョキ　　　かつ　相手はパー　　　または

　　　　　🄹自分はパー　　　　かつ　相手はグー　　　ならば、

　　　　　🄺自分の勝ち

　　　/*自分の負け判定*/

　　　　　🄻以上のどれにも当てはまらなければ、自分の負け

　　　/*判定後の手順・順不同*/

　　　　　㋐勝ちの場合、手順6に進む

　　　　　㋑負けの場合、手順7に進む

　　　　　㋒あいこの場合、手順2に戻る

　これを、勝敗判定表を使って書き直したいと思いますが、どのように修正すればよいでしょうか？

171

解説

手順5の処理は以下のように修正します。

手順	処理
5.	勝敗を判定する 勝敗判定表の、自分の手と相手の手の組み合わせを探し、その結果を確認する ア 勝ちの場合、手順6に進む イ 負けの場合、手順7に進む ウ あいこの場合、手順2に戻る

このように、表を使って判定することで、もともとあった個別の判定を実行する必要がなくなり、非常に簡単になりました。修正した手順5をフローチャートで表すと、次のようになります。

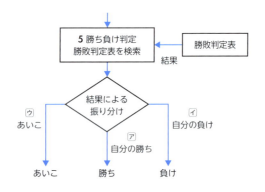

問題 5-17

3.2.2項で作成した以下のフローチャートの判定処理を、上記の勝敗判定表を使った処理で置き換えたいと思います。

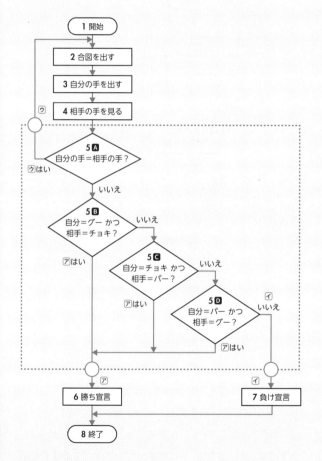

置き換え後のフローチャートは、どうなるでしょうか?

解説

次のフローチャートとして表現できます。

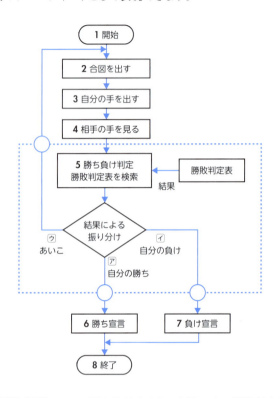

問題と解説の2つの図を比較すると、破線の中の勝敗判定処理の部分だけを入れ替えたのがわかると思います。

このような表を使った処理は、ジャンケンの勝敗判定のような使い方だけではなく、アドレス帳のように名前から住所を探すという台帳的な使い方で広く利用されています。このような表を、プログラミングの世界では「データベース」と呼んでいます。

Column　データベース

　複数のデータをひとまとめにして管理するのがデータベースですが、その構造の定義を**構造体**と呼びます。次の図はアドレス帳の例ですが、このようにごく普通に使っている考え方です。

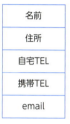

　アドレス帳の中の、個人別の情報（名前、住所など）は全員異なりますが、アドレス帳を構成する"情報の種類の組み合わせ"は全員同じです。

　構造体で表現されている個々のデータの集まり（つまりアドレス帳であれば、1人分の情報のまとまり）を、1つの**レコード**として扱います。

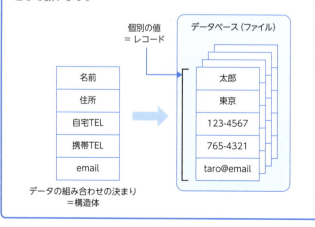

5.5　電卓とコンピュータの違い

この章を通して、プログラミング的な処理の手順の作り方を、アルゴリズムを考えるとして説明してきましたが、最後に、アルゴリズムの有無が電卓とコンピュータを分けた話で終わりたいと思います。

電卓を使ったことのない人は多分いないと思います。説明書を読まなくても使える、非常にわかりやすい機械です。これに対してコンピュータは、使い方を教えてもらってもよくわからない謎の多い機械です。

どちらも生まれは同じ計算機械ですが、電卓で計算するには、人間が特定の数字と特定の演算キー（＋－×÷＝等）を特定の順番で押す必要があるのに対し、コンピュータは計算したい数字を入れるとソフトウェア（プログラム）が結果を返してくれます。つまり、電卓は計算能力があっても問題の解き方（アルゴリズム）を自分自身では持ちません。解き方を毎回与えなければならないことが、必然的に電卓の解ける問題の範囲を狭める結果となりました。

これに対して、コンピュータはプログラムというかたちで問題の解き方（アルゴリズム）を自分自身の中に持ち、答えを求めることができます。解き方というのは数式だけのことではありません。乗換案内で行先と条件を入力すると、経路候補を検索できるのも、乗換案内というソフトウェアとして、経路を探す解き方を持っているからです（正確には、ほとんどの場合、遠隔にある「サーバー」と呼ばれるコンピュータが検索しています）。

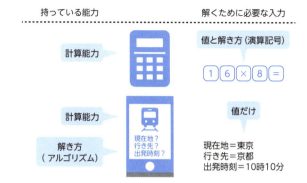

　はじまりは同じ計算機械だった電卓とコンピュータは、アルゴリズムを持つか持たないかを境にして、求められる機能とできることがまったく異なる道具となって現在に至っています。

　そして、プログラムはコンピュータが理解できるアルゴリズムの表現方法として、非常に大きな役割を果たしています。

Column　コンピュータの基本構成

　コンピュータが、CPU、メモリ、入出力装置の3つの要素から構成されることは、1.1節で説明したとおりです。これらの要素からなるコンピュータのモデルは、次の図のようになります。

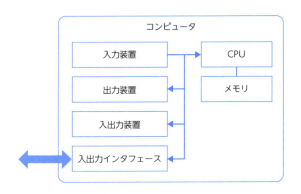

- プロセッサ/CPU (Central Processing Unit:中央処理装置) は演算部とも呼ばれ、パソコンの物理的な頭脳にあたります。
- メモリは、内蔵メモリやハードディスクなどの名前で呼ばれる記憶部品で、データを保持します。
- 入出力装置は、分類すると入力装置、出力装置、入出力装置の3種類があります。入力装置の例として、キーボード、マウスなどがあります。出力装置の例としては、モニター、プリンタ、スピーカーなどがあります。入出装置の例は、DVD・CD-R/Wドライブ、USBメモリなどで、CPUとコンピュータ外部との間で情報をやり取りする装置のことです。
- 装置そのものではありませんが、USB、イーサネット、

Wi-Fiなどの入出力インタフェースを介しても、CPUは外部と情報のやり取りを行います。代表的なのは、インターネットを介した通信です。

イメージをつかむため、パソコンにあてはめてみましょう。

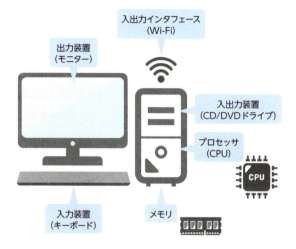

パソコンより大規模なコンピュータシステムは、その目的に応じて、センサーなどの計測データ、GPSの位置情報といった多種多様な入出力を利用します。また、インターネットや携帯網での通信による外部のコンピュータシステムや端末との情報交換は、今や当たり前になっています。

資料　フローチャートの記号

　本書のフローチャートでは、基本的に3種類の記号しか使いませんでした。しかし、皆さんが世の中でフローチャートを見たときに「これは何？」となっては面目ないので、目にする機会がありそうな記号について JIS X 0121-1986 (情報処理用流れ図・プログラム網図・システム資源図記号) 規格の中から紹介したいと思います。

　次の表は JIS X 0121-1986 から抜粋し適宜修正したものです。項目欄の丸括弧内の数字は規格に準拠していますが、数字が飛んでいる箇所の記号はまず見ることがないと思い、省略しています。

分類	項目	記号	説明
基本データ記号	(1) データ		媒体を指定しないデータを表す。
	(2) 記憶データ		処理に適した形で記憶されているデータを表す。媒体は指定しない。
個別データ記号	(1) 内部記憶		内部記憶を媒体とするデータを表す。
	(2) 順次アクセス記憶		順次アクセスだけ可能なデータを表す。磁気テープ，カートリッジテープ，カセットテープ等
	(3) 直接アクセス記憶		直接アクセス可能なデータを表す。磁気ディスク，磁気ドラム，フレキシブルディスク等
	(4) 書類		人間の読める媒体上のデータを表す。印字出力，マイクロフィルム，計算記録，帳票等

資料　フローチャートの記号

分類	項目	記号	説明
	(5) 手操作入力		手で操作して情報を入力するあらゆる種類の媒体上のデータを表す。
	(8) 表示		人が利用する情報を表示するあらゆる種類の媒体上のデータを表す。表示装置の画面等
基本処理記号	(1) 処理		任意の種類の処理機能を表す。
個別処理記号	(1) 定義済み処理		サブルーチンやモジュールなど，別の場所で定義された1つ以上の演算または命令群からなる処理を表す。
	(2) 手作業		人手による任意の処理を表す。
	(3) 準備		その後の動作に影響を与えるための命令または命令群の修飾を表す。スイッチの設定、ルーチンの初期設定等
	(4) 判断		1つの入口といくつかの択一的な出口を持ち、記号中に定義された条件の評価に従って、唯一の出口を選ぶ判断機能またはスイッチ形の機能を表す。
	(5) 並列処理		二つ以上の並行した処理を同期させることを表す。
	(6) ループ端		二つの部分からなり、ループの始まりと終わりを表す。始端と終端（上下反転）がある。
基本線記号	(1) 線		データまたは制御の流れを表す。流れの向きを明示する必要があるときは、矢先を付ける。
個別線記号	(2) 通信		通信線によってデータを転送することを表す。
	(3) 破線		二つ以上の記号の間の択一的な関係を表す。

分類	項目	記号	説明
特殊記号	(1) 結合子	◯	同じ流れ図中の他の部分への出口または他の部分からの入口を表す。対応する結合子は、同一の一意な名前を含む
	(3) 端子	⬭	外部環境への出口または外部環境からの入口を表す。プログラムの開始、終了等
規格外	他ページ結合子		同じ流れ図中、他ページへの出口、または他ページからの入口を表す。結合子をページ内に使用する場合と区別するために使用する

　JIS X 0121-1986には、記号の一覧表とともに使用例も記載されているので、興味のある方は一度眺めてみることをお勧めします。また、上記の表の最後の「他ページ結合子」は、JISに規定されていませんが一般的に使われている記号なので、あわせて紹介しておきます。

　なお、このJIS X 0121-1986は、以下のJISのホームページで参照できます。

http://www.jisc.go.jp/app/jis/general/GnrJISSearch.html

　JISのホームページにアクセスしたら、「JIS規格番号からJISを検索」のテキストボックスに「X0121」を入力して検索してください。規格を見るだけなら無料です。見るだけなので、残念ながら印刷はできません。入手したい方は、有料でダウンロード可能です。

　最後に、本書を読んでわかったように、四角四面決まりどおりに使わなくても大体の意味は通じるものです。

あとがき

　プログラムの必要条件はコンピュータが"期待どおり"に動くことですが、それだけでは自動的に十分条件を満たしません。つまり、今コンピュータが動いていても、実はプログラムの何かが間違っているかもしれないということです。見えていない部分のどこかでコンピュータが正しく動いているように見えると、人はこのことをすぐに忘れてしまいます。

　プログラムを知るということは、その作られる過程と、結果としてコンピュータがどう動くのかを想像できるということではないかと思っています。最後まで読んで頂いて、その感覚を理解して頂けたのではないかと思います。

　プログラムをきちんと書けるプログラマーは大事な存在です。同時に、プログラムに求められる内容を必要な正確さで設計できるシステムエンジニアの存在も大変重要です。誤解を恐れずに言うと、目的と方法が明確なら、プロのプログラマーに依頼すれば欲しいプログラムを作ってもらえます。しかし、実現したい人の頭の中にしか存在しない要求や要望を、目的と方法の明確なアルゴリズムにする仕事には代役はありません。この点がおぼつかないコンピュータシステムは、突然暴走するリスクをその中にはらんでいます。

　もはやコンピュータのない社会はあり得ない以上、便利さを享受すると同時にリスクも知る必要があります。そのためには、コンピュータやソフトウェアとはどんなものなのかを、プログラムの理解を通して認識する意義は非常に大きいと考えています。

本書のタイトルであるプログラミング的思考の理解を通して、コンピュータとは、原子的、すなわちそれ以上には細かく分割できない指示の集まりからできている、プログラムという名の人間の思考が動かしているものだ、ということに改めて気づくきっかけになればと思います。

　加えて、必要な正確さでアルゴリズムを考える力は、プログラミングのためだけでなく、社会生活の中の状況を理解し、自らの問題として解決する論理的思考の実践にも役立ちます。思考を視覚化する方法を含め、あたかもプログラミングするかのように考えを整理する知恵は、諸々の問題解決のヒントを探す方策として積極的に活用すべきものです。

　最後になりましたが、本書が、過度な依存も無用な畏怖も抱かず、コンピュータと正しく付き合う知識としての、コンピュータとプログラムの本質を読者に伝えることができれば、筆者にとって望外の喜びです。

　この新書を執筆するにあたり、その機会を与えて頂くとともに一方ならぬ理解と助力を頂いたSBクリエイティブの皆様に、この場を借りて厚くお礼を申し上げたいと思います。ことに、担当して頂いた科学書籍編集部の品田洋介さん、編集制作ご担当の川月現大さんの、著者の好きに任せて頂きながらも読者の目線で多くの改善案を出す手綱さばきのおかげで、構成と内容から当初の雑多さが消え、より研ぎ澄まされたものにすることができたと思います。改めて感謝の言葉を申し述べたいと思います。

草野俊彦

索　引

記号

/* */（コメント）	74
=（等号）	79

欧文

AND条件	77
CPU	13, 178
JIS X 0121-1986	48, 180
OR条件	76

あ行

あいまいさ	68
アプリ	21
アルゴリズム	20, 21
数理問題の～	159
図解から～を考える	151
暗黙の了解	32
意見の擦り合わせ	139
お買い得品	106

か行

買い物の心理	97
確率的な事象	108
かつ（AND）	77
機械学習	128
機械語	21
期待値	148-150
繰り返し処理	80, 88
構造体	175
コメント文	74
コンピュータ	12, 24, 26
～の基本構成	178

さ行

シーケンシャルな処理	54
時間で決める処理	166
思考機械	19
思考のコピペ	37
思考の表現	37
事実	113
囚人のジレンマ	146
条件分岐	68
～のある処理	68
状態図	153, 156
状態遷移図	154
情報の扱い方	124
情報量	31
処理（フローチャート）	48
人工知能	23
推論	112
数理問題のアルゴリズム	159
図解からアルゴリズムを考える	151
スクープ	118
ソースコード	21
ソフトウェア	16, 21, 24

た行

他ページ結合子	182
端子（フローチャート）	50
ディープラーニング	23
ディスカッション	127, 135
ディベート	127
データベース	174, 175
デバッグ	29
等号（=）	79
特ダネ	118

185

な行

入出力インタフェース	179
入出力装置	178
ニュース	113
ネット情報	122
ノイマン，J・フォン	23

は行

ハードウェア	26
幅優先探索	152
判断（フローチャート）	49
反論	131
必需品	99
表に従って決める処理	169
フローチャート	46
線が交差	140
フローチャートの記号	48, 180-182
プログラミング（する）	20, 25
プログラミング言語	19, 25
プログラミング的思考	6, 22, 25
プログラム	25
〜の開始と終了	50
プログラム設計	28
プロセッサ	178
分岐条件	49
分岐判定	49
文章だけで伝える	44
変数	58

ま行

または（OR）	76
メモリ	13, 178

ら行

ループ処理	88
レコード	175

著者

草野 俊彦（くさの としひこ）

1986年千葉大学工学部卒。同年日本電気株式会社に入社。高度先端基幹通信システムの研究開発に従事。米国デラウェア大学コンピュータ情報科学科、客員研究員。NECアメリカに駐在し、ネットワーク管理システムの基本ソフトウェア開発を推進。2007年米国系半導体企業に移り、通信機器組込システムの開発を主導。2010年ネットワーク仮想化ソフトウェア開発ベンチャーを、イスラエルで起業。過去20年間に渡って国際機関におけるIT技術の標準化に貢献し、米国電気電子学会（IEEE）の標準化小部会で議長を務める。長年の海外経験から、論理的説明力に通じるプログラミング的思考の重要性を痛感。2017年その普及のため、みらいアクセス合同会社を設立し同代表。通信システムに関する国内特許20件、米国特許13件。電子通信情報学会並びにIEEE正会員。

教養としてのプログラミング的思考
今こそ必要な「問題を論理的に解く」技術

2018年3月25日　初版 第1刷 発行

著　　者　草野俊彦
発 行 者　小川 淳
発 行 所　SBクリエイティブ株式会社
　　　　　〒106-0032　東京都港区六本木2-4-5
　　　　　電話：03-5549-1201（営業部）

編集制作　川月現大
装　　丁　渡辺縁
印刷・製本　株式会社シナノ パブリッシング プレス

乱丁・落丁本が万一ございましたら、小社営業部まで着払いにてご送付ください。送料小社負担にてお取り替えいたします。本書の内容の一部あるいは全部を無断で複写（コピー）することは、かたくお断りいたします。本書の内容に関するご質問等は、小社科学書籍編集部まで必ず書面にてご連絡いただきますようお願いいたします。

© 草野俊彦　2018　Printed in Japan　ISBN 978-4-7973-9540-2

サイエンス・アイ新書 シリーズラインナップ

科学

No.	タイトル	著者
391	機動の理論	木元寛明
390	身近に迫る危険物	齋藤勝裕
388	アインシュタイン―大人の科学伝記	新堂 進
387	正しい筋肉学	岡田 隆
385	逆境を突破する技術	児玉光雄
384	大人もおどろく「夏休み子ども科学電話相談」	NHKラジオセンター「夏休み子ども科学電話相談」制作班/編著
383	「食べられる」科学実験セレクション	尾嶋好美
382	料理の科学	齋藤勝裕
380	航空自衛隊「装備」のすべて	赤塚 聡
379	人工知能解体新書	神崎洋治
378	戦術の本質	木元寛明

科学/人体

No.	タイトル	著者
372	正しいマラソン	金 哲彦、山本正彦、河合美香、山下佐知子
368	知っておきたい化学物質の常識84	左巻健男・一色健司/編著
367	海上自衛隊「装備」のすべて	毒島刀也
363	絵でわかる人工知能	三宅陽一郎・森川幸人
358	日本刀の科学	臺丸谷政志
357	教養として知っておくべき20の科学理論	細川博昭
355	知っていると安心できる成分表示の知識	左巻健男・池田圭一/編著
354	ミサイルの科学	かのよしのり
351	本当に好きな音を手に入れるためのオーディオの科学と実践	中村和宏
349	毒の科学	齋藤勝裕
342	勉強の技術	児玉光雄
341	マンガでわかる金融と投資の基礎知識	田渕直也
335	親子でハマる科学マジック86	渡辺儀輝
333	暮らしを支える「熱」の科学	梶川武信
330	拳銃の科学	かのよしのり
329	図説・戦う城の科学	萩原さちこ
310	重火器の科学	かのよしのり
309	地球・生命―138億年の進化	谷合 稔
295	温泉の科学	佐々木信行
283	カラー図解でわかる細胞のしくみ	中西貴之
280	M16ライフル M4カービンの秘密	毒島刀也
276	楽器の科学	柳田益造/編
270	狙撃の科学	かのよしのり
252	知っておきたい電力の疑問100	齋藤勝裕
244	現代科学の大発明・大発見50	大宮信光
243	知っておきたい自然エネルギーの基礎知識	細川博昭

サイエンス・アイ新書 シリーズラインナップ

239	陸上自衛隊「装備」のすべて	毒島刀也
232	銃の科学	かのよしのり
222	X線が拓く科学の世界	平山令明
217	BASIC800クイズで学ぶ！理系英文	佐藤洋一
212	花火のふしぎ	冴木一馬
206	知っておきたい放射能の基礎知識	齋藤勝裕
204	せんいの科学	山﨑義一・佐藤哲也
203	次元とはなにか	新海裕美子／ハインツ・ホライス／矢沢 潔
202	上達の技術	児玉光雄
189	BASIC800で書ける！理系英文	佐藤洋一
175	知っておきたいエネルギーの基礎知識	齋藤勝裕
165	アインシュタインと猿	竹内 薫・原田章夫
153	マンガでわかる菌のふしぎ	中西貴之
149	知っておきたい有害物質の疑問100	齋藤勝裕
146	理科力をきたえるQ&A	佐藤勝昭
135	地衣類のふしぎ	柏谷博之
132	不可思議現象の科学	久我羅内
106	科学ニュースがみるみるわかる最新キーワード800	細川博昭
81	科学理論ハンドブック50＜宇宙・地球・生物編＞	大宮信光
80	科学理論ハンドブック50＜物理・化学編＞	大宮信光
73	家族で楽しむおもしろ科学実験	サイエンスプラス／尾嶋好美
66	知っておきたい単位の知識200	伊藤幸夫・寒川陽美
53	天才の発想力	新戸雅章
37	繊維のふしぎと面白科学	山﨑義一
36	始まりの科学	矢沢サイエンスオフィス／編著
33	プリンに醤油でウニになる	都甲 潔
13	理工系の"ひらめき"を鍛える	児玉光雄
4	暮らしの中の面白科学	花形康正

数学

375	予測の技術	内山 力
366	90分で実感できる微分積分の考え方	宮本次郎
346	おもしろいほどよくわかる高校数学 関数編	宮本次郎
343	算数でわかる数学	芳沢光雄
328	図解・速算の技術	涌井良幸
320	おりがみで楽しむ幾何図形	芳賀和夫
317	大人のやりなおし中学数学	益子雅文
294	図解・ベイズ統計「超」入門	涌井貞美

	263	楽しく学ぶ数学の基礎－図形分野－＜下：体力増強編＞	星田直彦
	262	楽しく学ぶ数学の基礎－図形分野－＜上：基礎体力編＞	星田直彦
	230	マンガでわかる統計学	大上丈彦/著、メダカカレッジ/監修
	219	マンガでわかる幾何	岡部恒治・本丸 諒
	195	マンガでわかる複雑ネットワーク	右田正夫・今野紀雄
	109	マンガでわかる統計入門	今野紀雄
	108	マンガでわかる確率入門	野口哲典
	67	数字のウソを見抜く	野口哲典
	65	うそつきは得をするのか	生天目 章
	61	楽しく学ぶ数学の基礎	星田直彦
	55	計算力を強化する鶴亀トレーニング	鹿持 渉/著、メダカカレッジ/監修
	49	人に教えたくなる数学	根上生也
	14	数学的センスが身につく練習帳	野口哲典
	2	知ってトクする確率の知識	野口哲典
心理	362	マンガでわかる女性とモメない職場の心理学	ポーポー・ポロダクション
	361	記憶力を高める科学	榎本博明
	319	マンガでわかる行動経済学	ポーポー・ポロダクション
	233	ビックリするほどよくわかる記憶のふしぎ	榎本博明
	188	マンガでわかる人間関係の心理学	ポーポー・ポロダクション
	137	マンガでわかる恋愛心理学	ポーポー・ポロダクション
	104	デザインを科学する	ポーポー・ポロダクション
	70	マンガでわかる心理学	ポーポー・ポロダクション
	43	マンガでわかる色のおもしろ心理学2	ポーポー・ポロダクション
	7	マンガでわかる色のおもしろ心理学	ポーポー・ポロダクション
論理	389	誰とでも会話が弾み好印象を与える聞く技術	山本昭生/著、福田 健/監修
	386	論理的思考 最高の教科書	福澤一吉
	353	統計学に頼らないデータ分析「超」入門	柏木吉基
	307	マンガでわかるゲーム理論	ポーポー・ポロダクション
	297	論理的に説得する技術	立花 薫/著、榎本博明/監修
	273	理工系のための就活の技術	山本昭生
	265	論理的に読む技術	福澤一吉
	220	論理的に考える技術〈新版〉	村山涼一
	171	論理的に説明する技術	福澤一吉
	155	論理的に話す技術	山本昭生/著、福田 健/監修
	103	論理的にプレゼンする技術	平林 純
	40	科学的に説明する技術	福澤一吉

サイエンス・アイ新書 シリーズラインナップ

IT・PC

373	仕事のExcelが1日でざっくりわかる本	立山秀利
302	あなたはネットワークを理解していますか？	梅津信幸
264	図解でかんたんアルゴリズム	杉浦 賢
187	iPhone4＆iPad最新テクノロジー	林 利明・小原裕太
160	ビックリするほど役立つ!! 理工系のフリーソフト50	大崎 誠・林 利明・小原裕太・金子雄太
128	あと1年使うためのパソコン強化術	ピーシークラブ
116	デジタル一眼レフで撮る鉄道撮影術入門	青木英夫
115	デジタル一眼レフで撮る四季のネイチャーフォト	海野和男
95	＜図解＆シム＞真空管回路の基礎のキソ	米田 聡
26	いまさら聞けないパソコン活用術	大崎 誠
22	プログラムのからくりを解く	高橋麻奈
21	＜図解＆シム＞電子回路の基礎のキソ	米田 聡
18	進化するケータイの科学	山路達也
16	怠け者のためのパソコンセキュリティ	岩谷 宏
15	あなたはコンピュータを理解していますか？	梅津信幸
9	理工系のネット検索術100	田中拓也・芦刈いづみ・飯富崇生
5	パソコンネットワークの仕組み	三谷直之・米田 聡

〈シリーズラインナップは2017年12月時点のものです〉